建设光明
筑梦祁连

河西走廊 750 千伏第三回线加强工程 建设纪实

国网甘肃省电力公司 组编

中国电力出版社
CHINA ELECTRIC POWER PRESS

图书在版编目（CIP）数据

建设光明　筑梦祁连：河西走廊 750 千伏第三回线加强工程建设纪实 / 国网甘肃省电力公司组编. —北京：中国电力出版社，2023.9
ISBN 978 - 7 - 5198 - 7062 - 1

Ⅰ. ①建… Ⅱ. ①国… Ⅲ. ①电网–电力工程–总结–甘肃 Ⅳ. ①TM7

中国版本图书馆 CIP 数据核字（2022）第 227489 号

出版发行：中国电力出版社
地　　址：北京市东城区北京站西街 19 号（邮政编码 100005）
网　　址：http://www.cepp.sgcc.com.cn
责任编辑：周秋慧
责任校对：黄　蓓　王小鹏
装帧设计：赵丽媛
责任印制：石　雷

印　　刷：北京九天鸿程印刷有限责任公司
版　　次：2023 年 9 月第一版
印　　次：2023 年 9 月北京第一次印刷
开　　本：710 毫米×1000 毫米　16 开本
印　　张：14.75
字　　数：252 千字
定　　价：96.00 元

本书编委会

主　任　李　俭　　行　舟　　陈振寰

委　员　张建明　　李世伟　　彭生江　　张四江

　　　　张建平　　宋小卫　　林　婕　　黄　炜

　　　　冯玉功　　李晓鹏　　鄂天龙　　陈亚林

　　　　包权宗　　王胜利

编写工作组

组　长　张四江

副组长　黄　炜　　梁岩涛　　刘　强　　尚建国

成　员　张富平　　李　伟　　王　泉　　魏建民

　　　　张剑伟　　黄林柯　　刘　钊　　王　帆

　　　　汤晓辉　　岳铁军　　杨喜泉　　汪春凤

　　　　朱珏琼　　詹启疆　　杨继红　　徐　宁

　　　　陈廷彧　　刘　波　　鞠奉君　　王志刚

　　　　哈迎福　　欧阳军　　周　睿　　苗永刚

　　　　孙　军　　丁希权　　周　成　　鲁四光

　　　　陈　岩　　阎　海　　刘小刚　　许守伟

　　　　刘　超　　张遨宇　　王道广　　荀　浩

　　　　陈锐锋　　林伟伦　　陈晓峰　　张显峰

　　　　柳　源　　王学军　　刘　伟　　黄永恒

前 言

　　河西走廊是甘肃全省乃至全国风能资源和太阳能资源最丰富的地区之一，建设大型新能源基地的条件得天独厚。截至 2022 年 8 月底，甘肃省风电装机容量 1928.06 万千瓦、太阳能发电装机容量 1261.38 万千瓦，新能源总装机容量 3218.04 万千瓦，占比 49.70%，新能源已超过火电，成为甘肃省第一大电源。优异的新能源禀赋为甘肃省全面落实习近平总书记关于构建新型电力系统重要部署提供了坚实基础。

　　河西走廊 750 千伏第三回线加强工程是河西地区新能源外送的重要通道。该工程的建成投运，加强了河西 750 千伏主网架结构，提高了电网稳定水平，消除了 2020 年河西大规模新能源电力向西北主网送出的网架约束，保证了酒泉—湖南±800 千伏特高压直流输电线路工程送电可靠性，提高了昌吉—古泉±1100 千伏特高压直流输电线路工程的最大输送容量，将河西清洁能源东送、西送能力分别提升 850 万、600 万千瓦以上，彻底扭转了河西地区新能源外送受限的局面。2022 年 8 月，甘肃省新能源发电量占全省发电量的 27.21%，达到历史新高，河西走廊 750 千伏第三回线加强工程功不可没。

　　受国家电网公司委托，国网甘肃省电力公司坚决践行建设具有中国特色国际领先的能源互联网企业战略部署，历时一年建成河西走廊 750 千伏第三回线加强工程，将资源优势转化为社会经济发展优势，为实施"一带一路"贡献了甘肃力量。

　　自 2009 年至今，在十余年电网建设实践中，国网甘肃省电力公司锤炼了本领过硬的基建队伍，培养了一大批优秀技术人才，积累了丰富的超/特高压工程建设经验，铸就了甘肃电网建设品牌。"十四五"时期，随着新型电力系统建设加快向纵深推进，国网甘肃省电力公司积极推进电力外送通道建设，抢抓"新基建"历史契机，迎来新的建设高峰。本书深入总结河西走廊 750 千伏第三回线加强工程全过程建设经验，以便分享与提升，供输变电工程建设人员及广大读者参阅学习，更好地服务甘肃特色新型电力系统建设事业。

　　由于编者水平有限，书中难免有表达不当和不足之处，敬请谅解。

编　者

2023 年 4 月

目　录

第一章

河西 750 千伏电网的发展

第一节　河　西　电　网　概　况

河西走廊由西北到东南绵延 1000 余千米，是举世闻名的丝绸之路上的交通要道，古代中国同西方世界的政治、经济和文化交流经此互联互通，造就出一个个辉煌时代。穿越河西走廊，联络新疆、青海、宁夏和陕西四省的河西 750 千伏电网，将中国西北的清洁能源源源不断地输往中国中东部地区，是当之无愧的新时代新型电力"丝绸之路"。河西走廊电网建设如图 1-1 所示。

图 1-1　河西走廊电网建设

河西 750 千伏电网由无到有、由弱到强历经三个建设阶段，即新疆与西北主网联网 750 千伏第一通道建设阶段、新疆与西北主网联网 750 千伏第二通道建设和河西走廊 750 千伏第三回线加强工程建设阶段。自 2009 年 7 月第一通道开工到 2019 年 12 月第三回线加强工程投运，十年间沧海桑田，河西"人"字形

750 千伏电网已然成型，它横贯东西、联通南北，成为我国西北最重要的新能源汇集和输送通道。

河西 750 千伏电网接线图如图 1-2 所示。

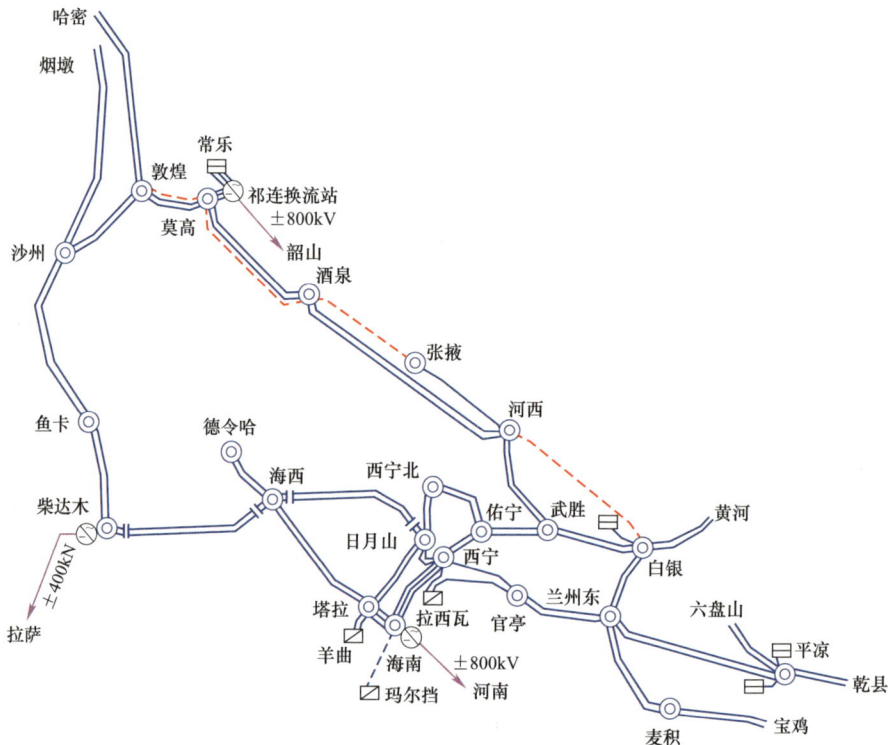

图 1-2　河西 750 千伏电网接线图

第二节　河西电网第一通道建设

一、第一通道建设方案

为实现新疆与西北主网联网，促进甘肃酒泉千万千瓦级风电基地开发建设，支持河西电网发展，建设新疆与西北主网联网 750 千伏第一通道输变电工程。

工程起点为新疆哈密 750 千伏变电站，落点为甘肃武胜 750 千伏变电站，中间落点敦煌、酒泉和河西 3 个 750 千伏变电站。该工程新建 750 千伏哈密变电站、敦煌变电站、酒泉变电站和河西变电站，扩建武胜变电站 2 个 750 千伏间隔，新建 750 千伏线路 2×1191 千米，其中甘肃段新建 2×850 千米。

该工程于 2009 年 7 月开工建设，2010 年 10 月建成投运，工程总体动态投资约为 108.2 亿元。

新疆与西北主网联网 750 千伏第一通道方案示意图如图 1-3 所示。

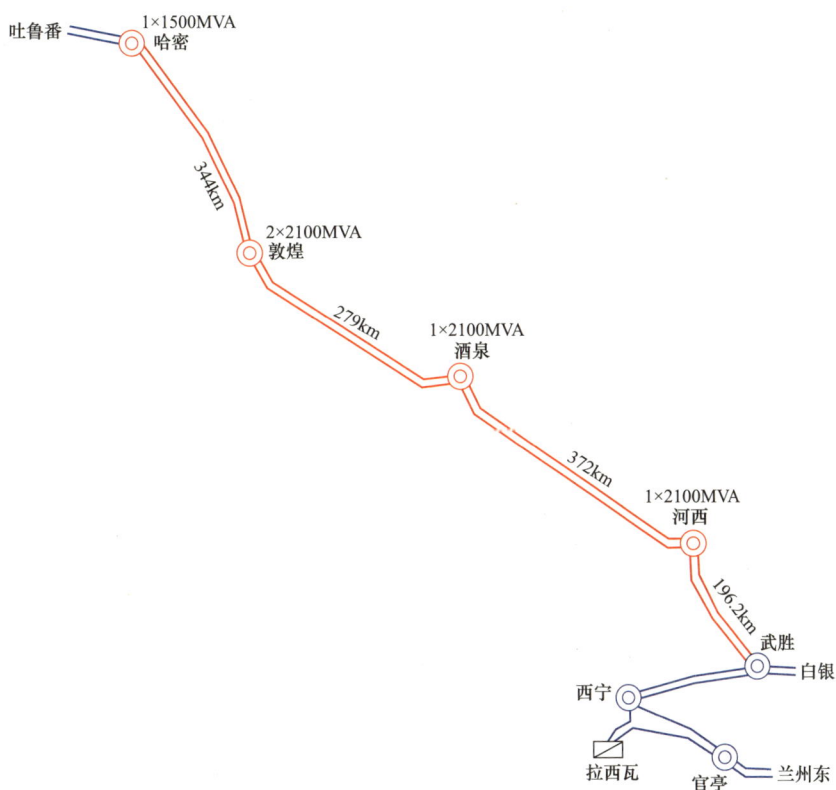

图 1-3　新疆与西北主网联网 750 千伏第一通道方案示意图

二、第一通道建设意义

（1）实现新疆电网与西北主网联网运行，结束新疆电网孤网运行历史，新疆电网正式并入全国电网。

（2）工程配套酒泉风电一期工程建设，促进了酒泉地区风电的发展。

（3）对满足甘肃河西地区负荷用电及支持地区电网发展具有重要意义。

第三节　河西电网第二通道建设

一、第二通道建设方案

为提高新疆电网向西北主网的送电能力，支持"疆电外送"，确保向西藏直流送电的可靠性，解决"十二五"期间青海电网缺电问题及哈密东南部风电接入问题，需要进一步加强新疆与西北主网的联系，建设新疆与西北主网联网 750 千伏第二通道。工程配套的哈密南—郑州±800 千伏特高压直流输电线路工程（简称哈郑工程）于 2014 年 1 月建成投运。

工程包括扩建 750 千伏哈密、敦煌、柴达木变电站工程，新建 750 千伏哈密南变电站、沙州变电站、鱼卡开关站工程，新建 750 千伏哈密—哈密换流站—哈密南—沙州—鱼卡—柴达木双回线路、沙州—敦煌双回线路工程。该工程增加 750 千伏变电容量 3600 兆伏安，新建 750 千伏线路长度约为 2×1091.5 千米。

工程于 2012 年 4 月开工建设，2013 年 6 月建成投运，工程总体动态投资约 95.6 亿元。新疆与西北主网联网 750 千伏第二通道方案示意图如图 1-4 所示。

二、第二通道建设意义

（1）进一步加强新疆与西北主网的联系，增强了新疆与西北主网功率交换的能力，提高了新疆能源资源在西北电网中优化配置的能力。

（2）为"疆电外送"直流工程提供网架支撑，保证直流外送工程安全稳定运行。

（3）解决青海电网缺电问题，提高海西地区供电可靠性。

（4）支持哈密东南部风电的接入送出。

（5）为敦煌、柴达木地区新能源开发创造有利条件，支持地区经济发展。

三、酒泉—湖南±800 千伏特高压直流输电线路工程建设

为促进酒泉新能源基地电力开发外送，满足受端湖南用电需求，建设酒泉—湖南±800 千伏特高压直流输电线路工程（简称酒湖工程）。

工程起于甘肃酒泉换流站，止于湖南韶山换流站。途经甘肃、陕西、重庆、

湖北、湖南五省市，线路长度 2413 千米。

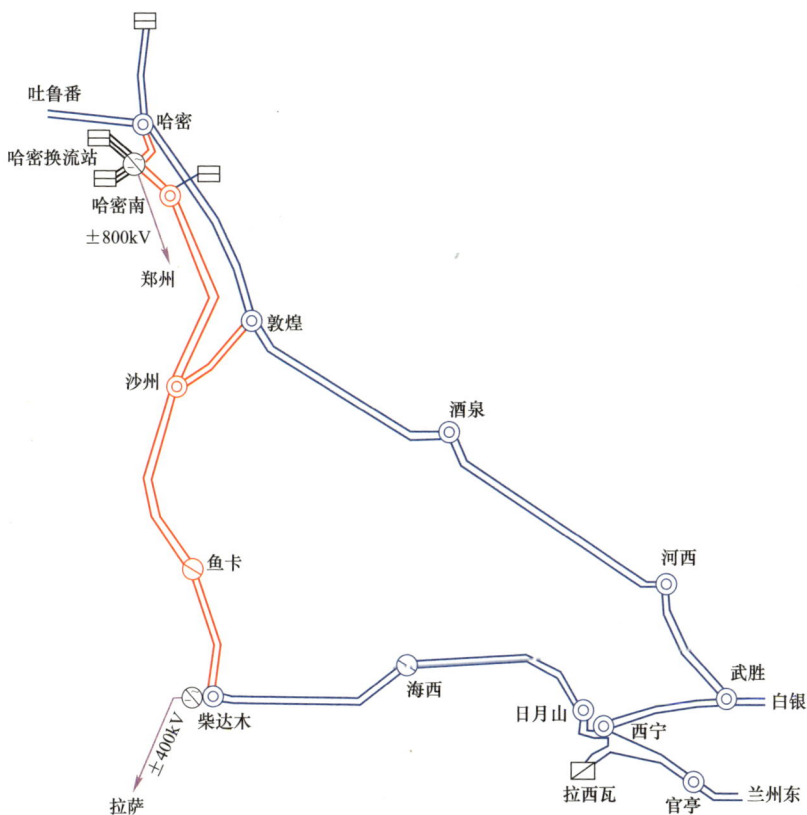

图 1-4　新疆与西北主网联网 750 千伏第二通道方案示意图

±800 千伏酒泉换流站通过 3 回 750 千伏出线与莫高 750 千伏变电站相联。

工程于 2015 年 8 月开工建设，2017 年 6 月日正式投入运行，工程总体动态投资约为 260 亿元。

四、酒湖工程建设意义

（1）进一步促进酒泉千万千瓦级风电基地、百万千瓦级光伏基地电力开发外送，扩大新能源消纳范围，推动甘肃经济社会持续快速发展。

（2）满足湖南用电需求，缓解华中、华东四省电力紧缺局面，经济效益和社会效益显著。

（3）落实大气污染防治行动计划，改善生态环境。经测算，每年可新增送电约 400 亿千瓦时，减少燃煤运输 1800 万吨，减排二氧化碳 3200 万吨、二氧化硫 8.8 万吨、氮氧化物 9.2 万吨。

第四节　河西电网第三通道建设

一、第三通道建设方案

河西走廊 750 千伏第三回线加强工程新建 750 千伏线路长 836.65 千米（不含 144.114 千米利旧线路），共计塔基 1772 基，新建张掖 750 千伏变电站 1 座，变电容量 210 万千伏安，扩建敦煌、莫高、酒泉、河西、白银 5 座 750 千伏变电站，工程动态投资 34.66 亿元。

张掖变电站站址位于张掖市甘州区以东约 23.5 千米处，G312 国道在站址东侧 6.0 千米处通过，本期 750 千伏出线 1 回，至河西 1 回；330 千伏出线 6 回，分别至张掖 2 回、山丹 2 回、甘州 2 回；本期每组主变压器 66 千伏侧装设 4 组 90 兆乏并联电容器和 4 组 90 兆乏并联电抗器。

线路自西向东途经瓜州县、玉门市、嘉峪关市（利用段）、肃南裕固族自治县（利用段）、肃州区、高台县、临泽县、甘州区、永昌县、民勤县、凉州区、古浪县、景泰县、靖远县、平川区。导线采用 JL/J1A－400/50 钢芯铝绞线。一根地线采用 OPGW，在两端变电站进出段各约 10 千米处采用 OPGW－150，其余地段采用 OPGW－120；另一根地线在两端变电站进出段各约 10 千米处采用 JLB20A－150 铝包钢绞线，其余地段采用 JLB20A－120 铝包钢绞线。

二、第三通道建设意义

（1）提高了河西走廊 750 千伏电网输电能力，极大地缓解了网架瓶颈，有利于满足甘肃河西大规模新能源电力大发时向西北主网的送电需求。

该工程实施前，西北电网新能源弃电首先表现在河西网架约束上。新能源大发时，1000～3000 兆瓦新能源电力受限。750 千伏河西电网加强工程实施后，基本满足了 2020 年新能源电力大发时向西北主网的送电需求。预计每年新增送出风电、光伏等清洁能源电量约 70 亿千瓦时，折合减少煤耗约 210 万吨（标煤），减少 CO_2 排放 514.5 万吨。

（2）加强了酒湖工程交流网架支撑，提高了新能源少发时河西电网反向（东电西送）送电能力，关键断面 750 千伏高海断面提高了 3000 兆瓦，保证了酒湖工程送电的可靠性；同时，有利于抑制酒湖工程送端风电机组暂态压升，相同条件下，酒湖工程送电能力提升 600～700 兆瓦，为酒湖工程实现满容量送电发挥了重要作用，从而有利于促进甘肃酒泉地区新能源电力向华中地区送出消纳。

（3）提高了昌吉—古泉±1100 千伏特高压直流输电工程（简称吉泉工程）的交流网架支撑，提升了吉泉工程的送电能力，有利于积极落实国家"电力援疆"政策，促进新疆电力外送消纳。

该工程实施前，吉泉工程发生三次换相失败时，若安全控制措施按闭锁直流、切机容量不超过直流闭锁前送电容量考虑，吉泉工程最大送电能力为 9000 兆瓦，直流送出受限。该工程实施后，相同运行条件及安全控制措施下，吉泉工程可满送 12 000 兆瓦，达到了最大输送容量。

第二章

工 程 概 述

河西走廊 750 千伏第三回线加强工程包括 750 千伏河西电网加强工程、张掖 750 千伏输变电工程。工程于 2018 年 12 月 30 日开工，2019 年 11 月 20 日带电投运。工程建设成果创造多项纪录，是国网甘肃省电力公司第一个仅一年时间完成工程建设任务的工程，建设速度创造了甘肃电网新纪录；聚全省建设者之力，创造了国网甘肃省电力公司第一个鲁班奖；首次建立重点工程"双周会"协调机制，上下联动，扫清工程建设障碍；依托建设者的智慧力量，开拓性地实现了河西走廊地区第一个全过程机械化施工的工程；工程实施"党建＋基建"管理模式，锤炼成为国网甘肃省电力公司第一个临时党建标准化的示范项目；按国家电网公司基建管理要求，十二项配套措施在国网甘肃省电力公司首次落地；项目部驻点施工现场，在国网甘肃省电力公司首次实现甲方现场管理职责的示范样板；伴随甘肃河西地区新能源建设，河西走廊 750 千伏第三回线加强工程成为甘肃地区第一个大型的新能源外送工程；工程建设质量要求高，是国网甘肃省电力公司第一个全面实现竣工标准化验收的样板工程；工程建设规模大，停电接入体量大，是国网甘肃省电力公司管理跨度最大、系统接入最复杂、停电难度最大的工程。

第一节 工程建设规模

河西走廊 750 千伏第三回线加强工程及其路径图分别如图 2-1 和图 2-2 所示。

一、750 千伏河西电网加强工程

工程共扩建 750 千伏变电站 5 座，新建 750 千伏单回输电线路 4 条，总长

图 2−1 河西走廊 750 千伏第三回线加强工程

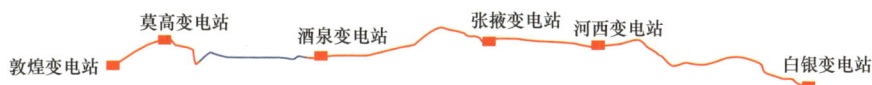

图 2−2 河西走廊 750 千伏第三回线加强工程路径图

约 685.59 千米（不含 144.114 千米利旧线路）。新建 750 千伏单回输电线路包括：

（1）敦煌—莫高Ⅲ回 750 千伏线路工程，是 750 千伏河西电网加强工程的一部分，起自瓜州县城东北约 5 千米的敦煌 750 千伏变电站，止于瓜州县布隆吉村北侧约 7 千米的莫高 750 千伏变电站。线路整体呈东西走向，全线在瓜州县境内走线。方案路径长度为 62.518 千米，路径曲折系数 1.05。

（2）莫高—酒泉Ⅲ回 750 千伏线路工程起自瓜州县布隆基村北侧约 7 千米的莫高 750 千伏变电站，止于酒泉市肃州区东洞乡西南约 9 千米处的酒泉 750 千伏变电站。线路中间部分利用原嘉玉Ⅱ线 750 千伏架设段 144.114 千米。线路新建 87.047 千米，最终长度为 231.161 千米。线路整体呈东西走向，由西向东途经瓜州县、玉门市、嘉峪关市（利用段）、张掖市肃南裕固族自治县（利用段）、酒泉市肃州区。

（3）酒泉—张掖 750 千伏输电线路工程始于酒泉市肃州区东洞乡的光电园区内的酒泉 750 千伏变电站，经肃州区、高台县、临泽县、甘州区，止于张掖市甘州区以东约 23.5 千米处张掖 750 千伏变电站。线路路径长 226.047 千米，路径曲折系数 1.10。

（4）河西—白银 750 千伏输电线路工程，始于永昌县河西堡镇上三庄村南侧约 1 千米处的河西 750 千伏变电站，经永昌县、民勤县、凉州区、古浪县、景泰县、靖远县、平川区，止于白银市平川区西北方向约 18 千米处白银 750 千伏变电站。线路路径长 309.982 千米，路径曲折系数 1.13。

线路沿线地形比例为：平地 69.3%、沙漠 3.8%，丘陵 9.5%、一般山地 17.4%。线路经过地区最高海拔 2700m。

二、甘肃张掖 750 千伏输变电工程

工程新建河西—张掖 750 千伏输电线路 151.07 千米，起自河西 750 千伏变电站，止于张掖 750 千伏变电站，共计塔基 325 基；新建张掖 750 千伏变电站 1 座，主变压器终期规模 3×2100 兆伏安，本期新建主变压器 1×2100 兆伏安，750 千伏出线终期规模 13 回，本期出线 1 回，至河西 750 千伏变电站。330 千伏出线终期规模 23 回，本期出线 6 回。河西 750 千伏间隔扩建 750 千伏出线 1 回，至张掖 750 千伏新建变电站。工程动态投资 10.2 亿元。

国家电网公司以《国家电网有限公司关于 750 千伏河西电网加强工程可行性研究报告的批复》（国家电网发展〔2018〕715 号）、《国家电网公司关于甘肃张掖等 3 项 750、330 千伏输变电工程可行性研究报告的批复》（国家电网发展〔2015〕1143 号）批复了该工程可行性研究报告。甘肃省发展改革委以《甘肃省发展和改革委员会关于 750 千伏河西电网加强工程（甘肃河西第二通道）项目核准的批复》（甘发改能源〔2018〕717 号）、《甘肃省改革和发展委员会关于张掖 750 千伏输变电工程项目核准的批复》（甘发改能源〔2018〕212 号）核准了该工程。可研批复与工程核准项目内容一致，750 千伏河西电网加强工程核准的工程动态总投资为 250 940 万元。张掖 750 千伏输变电工程概算动态投资 10 557 万元。

工程建成投运，将河西 750 千伏电网西向东输电能力由 560 万千瓦提高至 800 万千瓦，东向西输电能力由 180 万千瓦提高至 600 万千瓦，为酒湖工程持续平稳送电提供重要的支持保障，彻底扭转了河西地区新能源受限的局面。2020 年上半年，甘肃省新能源发电量为 201.49 亿千瓦时，同比增长 11.91%，新能源利用率达 94.14%。达到历史新高。满足了张掖地区装机规模不断增加的新能源项目的接入和汇集需要，增加了地区 750 千伏主变压器容量，缓解了河西 750 千伏变电站主变压器的汇集压力，有效解决甘肃新能源消纳和发展问题，为甘肃地区第一个大型的新能源外送工程。夜幕下的张掖 750 千伏变电站如图 2-3 所示。

图 2-3 夜幕下的张掖 750 千伏变电站

第二节 工程建设特点及难点

一、建设管理任务繁重

河西走廊 750 千伏第三回线加强工程线路途经甘肃酒泉、张掖、金昌、武威、白银 5 个地市 16 个区县。工程设计周期紧张，因路径及协议问题（涉及跨越高铁、军用机场、武威天马机场及文物保护等）需暂缓施工桩位多，存在局部改线变更风险。林勘、草原、文物及油气管线手续办理周期长，协调难度大，严重制约工程进度计划推进。

二、施工条件复杂

工程沿线林地、草原、文物等分布广泛，铁路、高速公路、机场和重要军事设施等路径制约因素多，涉及沙漠、戈壁、沼泽、湿陷性黄土、高山、丘陵等多种地形地质。沿线气候恶劣，主要是极端低、高温，大风，沙尘暴，干旱气候。工程受基础施工防腐、材料运输、通道清理、线路通道狭窄等不利因素影响，施工难度大。

三、交叉跨越复杂，施工风险多

工程跨越高铁 6 次、电气化铁路 7 次、军用铁路 1 次、一般铁路 2 次、高速公路 8 次、公路 82 次，跨越黄河 1 次、黑河 1 次、疏勒河 1 次、一般河流 9 次，钻越 ±1100 千伏电力线路 2 次、±800 千伏电力线路 3 次，跨越 750 千伏电力线路 2 次、330 千伏电力线路 31 次、220 千伏线路 1 次、110 千伏线路 68 次、35 千伏及以下电力线路 277 次、直流接地极线 1 次，跨越多，特别是线路并行特高压线路约 350 千米，最小间距 75 米。工程 5 座 750 千伏运行变电站的改扩建施工，750 千伏母线及主变压器停电 19 次；涉及四级作业风险 57 项（2020 年 6 月之前，施工作业风险从低到高划分为一至五级），五级电网风险 19 项；临近带电体作业施工风险难度大；工程全线铁塔共计 8 万余吨，750 千伏变压器、电抗器 29 台，物资供货时间集中、需求量大。

河西走廊 750 千伏第三回线加强工程跨越高铁如图 2-4 所示。

图 2-4　河西走廊 750 千伏第三回线加强工程跨越高铁

四、工程建设安全压力大，风险管控难度高

新建线路施工高峰期现场人员近 5000 人。线路临近特高压平行段长，各类跨越复杂，安全管理难度大；新建间隔涉及 5 座河西 750 千伏运行变电站，变电站一、二次"接火"停电工作复杂，变电站的临近带电体作业施工风险难度大，电网风险等级高，且新增主设备、高压并联电抗器同步安装，间隔人员多，设备投入大，点多面广，管控难度大。工程建设组织与安全管控压力在甘肃省电力建设史上空前。

五、工程建设目标高

为了助推国家电网公司战略目标落地，建设高质量基建工程，填补甘肃电网鲁班奖空白，打造质量标杆工程，解决甘肃电网工程建设的问题，提升工程建设水平，国网甘肃省电力公司提出以"线路创国家优质工程奖、变电创鲁班奖"为目标，鲁班奖为国网甘肃省电力公司首次争创，目标艰巨。张掖 750 千伏变电站工程俯视图如图 2-5 所示。

图 2-5 张掖 750 千伏变电站工程俯视图

六、环水保控制难

工程沿线途经长城遗址 16 处，路径涉及祁连山自然保护区、景泰白墩子盐沼国家湿地公园、安西极旱荒漠国家级自然保护区、军用机场、武威天马机场及拟新建机场，通道路径房屋拆迁多，协调难度大，环水保措施实施困难。

七、新技术要求高

以创建国家优质工程奖、鲁班奖为目标，在工程中应用国家重点节能低碳技术、建筑业 10 项新技术、电力建设"五新"技术，同时依托工程开展科技项目、工法、QC、专利等申报及获奖，高质量通过新技术应用等专项评价。变电站站址极端最高气温 39.8 摄氏度，极端最低气温 −28.2 摄氏度，具有昼夜温差大、极端气温低、风沙大等不利因素。首次在 750 千伏变电站工程中采用装配式钢结构，墙体采用新材料 LSP 板内嵌式龙骨装配式墙体，压缩了施工周期，有效提升了抵抗恶劣环境的能力。张掖 750 千伏变电站工程主控楼如图 2-6 所示。

图 2-6　张掖 750 千伏变电站工程主控楼

八、安全稳定控制系统复杂，调试难度大

为解决 750 千伏河西电网加强工程投产后西北电网存在的安全稳定问题，工程投运前需修改西北新疆联网安控系统敦煌、沙州两套安控决策主站软件，敦煌、沙州安控决策主站采用互备方式运行，改造敦煌、莫高、河西、武胜、酒泉、官亭、哈密原有安控装置。本次调试由国网西北电力调控分中心、甘肃电力调度控制中心组织实施，青海电力调度控制中心、新疆电力调度控制中心配合，安稳系统复杂，调试范围较大，是河西地区第一个管理跨度最大、系统接入复杂、停电难度大的工程。

九、施工技术要求高

变电站 750 千伏及 330 千伏均为 HGIS 设备，安装及充气工程量大，当地环境风沙大，需建立全方位全过程的"抑尘、降尘、挡尘、除尘、绝尘、制度管控防尘"六级防尘措施，施工难度大。750 千伏构架为格构式，采用组装后整体吊装，共计 99 吊，高 61 米，单根柱起吊质量 112 吨，为国内 750 千伏电压等级最大吊重。为保证吊装的安全性，针对现场进行勘察，并会同专家对构架起吊过程进行验算，制定可行方案，最终确定采用"四机八点吊"，历时 18 天，安全顺利完成总计 2100 吨的构架吊装。

第三节　工程参建单位

河西走廊 750 千伏第三回线加强工程由国家电网公司投资，委托国网甘肃省电力公司建设，参建施工、监理、设计共计 19 家单位，沿线涉及 5 家属地公司。河西走廊 750 千伏第三回线加强工程参建单位一览表见表 2-1。

表 2-1　河西走廊 750 千伏第三回线加强工程参建单位一览表

单位类别	参建单位
项目法人	国家电网公司
技术支撑单位	国家电网公司交流建设分公司
建管单位	国网甘肃省电力公司
建设管理单位	国网甘肃省电力公司建设分公司
属地单位	国网白银供电公司 国网金昌供电公司 国网武威供电公司 国网张掖供电公司 国网酒泉供电公司
监理单位	甘肃光明电力工程咨询监理有限责任公司（甘 1、甘 2、甘 3 标段，张掖 750 千伏变电站） 湖北环宇工程建设监理有限公司（甘 4 标段、张掖线路） 四川赛德工程监理有限公司（甘 5 标段） 吉林省吉能电力建设监理有限责任公司（甘 6 标段） 山东诚信工程建设监理有限公司（甘 7 标段）
设计单位	中国能源建设集团安徽省电力设计院有限公司（甘 1 标段） 中国能源建设集团甘肃省电力设计院有限公司（甘 2 标段） 中国电建集团江西省电力设计院有限公司（甘 3、甘 4 标段） 中国能源建设集团广东省电力设计院有限公司（甘 4 标段） 中国电力工程顾问集团西北电力设计院有限公司（甘 5 标段） 中国电力工程顾问集团东北电力设计院（甘 6 标段） 国核电力规划设计研究院有限公司（甘 7 标段）
施工单位	四川电力送变电建设公司（甘 1 标段） 重庆市送变电工程有限公司（甘 2 标段） 甘肃送变电工程有限公司（甘 3 标段） 中国葛洲坝集团电力有限公司（甘 4 标段） 青海送变电工程有限公司（甘 5 标段） 广东送变电工程有限公司（甘 6 标段） 辽宁省送变电工程有限公司（甘 7 标段） 甘肃送变电工程有限公司（张掖 750 千伏线路）

第四节　工 程 建 设 目 标

一、工程整体目标

工程整体目标：实现"管理规范性、技术先进性、质量和工艺优良性、运行可靠性、指标合理性"建设目标，张掖 750 千伏新建变电站工程争创鲁班奖，河西走廊第三回线加强工程争创国家优质工程奖。

二、安全目标

严格执行国家、行业、国家电网公司有关工程建设安全管理的法律、法规和规章制度，确保工程建设安全文明施工，采取积极的安全措施，确保实现安全目标：

（1）不发生六级及以上人身事件。

（2）不发生因工程建设引起的六级及以上电网及设备事件。

（3）不发生六级及以上施工机械设备事件。

（4）不发生火灾事故。

（5）不发生环境污染事件。

（6）不发生负主要责任的一般交通事故。

（7）不发生基建信息安全事件。

（8）不发生对公司造成影响的安全稳定事件。

三、质量目标

（一）质量总体要求

严格执行国家、行业、国家电网公司有关工程建设质量管理的法律、法规和规章制度，贯彻实施工程设计技术原则，满足国家和行业施工验收规范的要求。

输变电工程"标准工艺"应用率100%；工程"零缺陷"投运；实现工程达标投产及优质工程目标；工程使用寿命满足国家电网公司质量要求；不发生因工程建设原因造成的六级及以上工程质量事件。

（二）专项目标要求

工程质量评定为合格，分项工程 100%合格、分部工程 100%合格、单位工程 100%合格，创建国家电网公司优质工程金奖，争创国家优质工程奖。

四、进度目标

坚持以"工程进度服从安全、质量"为原则，积极采取相应措施，确保工程开、竣工时间和工程阶段性里程碑进度计划按时完成。

工程计划于 2018 年 12 月 30 日开工，2019 年 12 月具备投运条件。

五、投资控制目标

在满足安全质量的前提下，优化工程技术方案，合理控制工程造价，严格规范建设过程中设计变更、现场签证，严格执行合同，做好工程项目结算工作，实现工程造价与结算管理目标。

六、环境保护与水土保持目标

确保工程环保、水保设施建设"三同时"，落实工程环保、水保方案及批复意见，推行绿色施工，全面落实绿色施工基本内容（节材与材料资源利用、节水与水资源利用、节能与能源利用、节地与施工用地保护、环境保护）的要求，建设资源节约型、环境友好型的绿色和谐工程；确保竣工前完成工程拆迁、迹地恢复；确保工程顺利通过环保和水保验收。

七、科技创新目标

深入开展关键技术研究，大力倡导技术革新，积极应用国家重点节能低碳技术、建筑业十项新技术、电力建设"五新"技术、新工艺、新材料、新设备，节约用地，控制造价，提高输变电工程技术经济性，高质量通过电力建设新技术应用评价。

八、档案管理目标

工程档案资料与工程进度同步形成，工程纸质档案与数字化档案同步建立、同步移交，做到数据真实、系统、完整。前期文件、施工记录与竣工图真实、准确；案卷题名准确规范，组卷系统、规范，装订整齐。做到档案资料与工程建设同步，保证档案齐全、完整、规范、真实。

九、党建目标

要求各参建单位成立现场临时党组织，成立河西走廊 750 千伏第三回线加强工程临时党支部，组建党员服务队、青年突击队，开展党支部标准化建设，以业主项目部临时党支部为服务平台，全面联系各现场临时党组织机构，以"党建＋电网建设"方案为抓手，实现党建引领，推进工程建设。

十、基建管理信息系统应用目标

完整性、及时性、准确性 100%。

十一、其他目标

承包人应切实贯彻国家电网公司"三通一标""两型三新""两型一化"相关要求。

第五节　现场建设管理体系

一、组建工程项目部

工程建设得到国家电网公司大力支持，国网基建部协调国网发展、财务、经法部等部门解决工程投资、资金等重大问题，国网基建部计划处、安质处、技经处、技术处等处室协调解决工程管理模式、招标计划、停电计划、资金支付、物资协调、设计评审、技术方案等难题，国网交流公司在工程施工方案审查、档案管理、环水保措施制定等方面提供了全过程、全方位技术支持，为国网甘肃省电力公司保证工程"务期必成、力夺金奖"提供了强大的推力。

项目核准批复后，组建成立了河西走廊 750 千伏第三回线加强工程业主项目部，按照国家电网公司十二项配套政策，配置相应管理人员，由国网甘肃建设分公司副总经理担任项目经理，全面负责工程管理工作，总工程师担任常务副经理，负责工程建设管理，部门主任担任项目副经理协助管理，造价部门技经人员负责本工程的造价管理，其他具有丰富经验的人员分别担任工程项目、安全、质量、信息资料等专责，负责工程日常建设各项管理工作。建设协调、安全、质量、造价、技术、属地协调和物资协调岗位专责人员配备到位，健全了管理体系。

二、工程管理网络

组建河西走廊 750 千伏第三回线加强工程安全、质量、技术、造价、档案、信息管理小组，业主项目副经理担任组长，业主项目部专业专责担任副组长，设计、施工、监理主要负责人及相关专业专责担任小组成员。工程管理组织机构如图 2-7 所示。

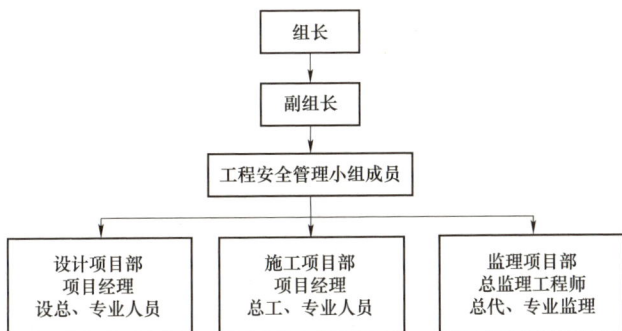

图 2-7　工程管理组织机构

各参建单位成立以公司主要领导为组长的工程领导小组,定期到现场开展专项工作,部署指导本工程建设工作。

各施工项目部项目经理分别设置 A、B 角,A 角由公司分管领导担任,统筹调配公司资源,加强施工现场管理工作。

监理单位选择监理经验丰富、管理能力强的总监理工程师,组建现场监理项目部,开展现场监理工作。

各参加工程建设的科研、咨询、设计、监理、施工、调试、物资供应、监造、运输、试验监督等单位按照各自职责和合同的规定履行工程建设任务。

三、工程临时党支部及党组织

河西走廊 750 千伏第三回线加强工程临时党支部于 2018 年 11 月 12 日成立,常务副经理担任临时党支部书记,设立了临时党支部纪检委员、宣传委员,充分发挥基层党组织的战斗堡垒作用、党员的先锋模范作用,确保工程总体目标的顺利实现。临时党支部组织机构如图 2-8 所示。

各参建单位每个项目部党员数达到 3 人及以上的须成立临时党小组,人数满 5 人及以上的成立临时党支部,河西走廊 750 千伏第三回线加强工程党员总计 50 人,成立临时党支部 4 个、临时党小组 7 个,把工程各参建单位党员通过党小组纳入统一管理,发挥"党员先锋队"模范带头作用,通过"党建 +"理念为各党小组及党员提供学习指导、管理服务、活动平台。参建单位党员如图 2-9 所示。

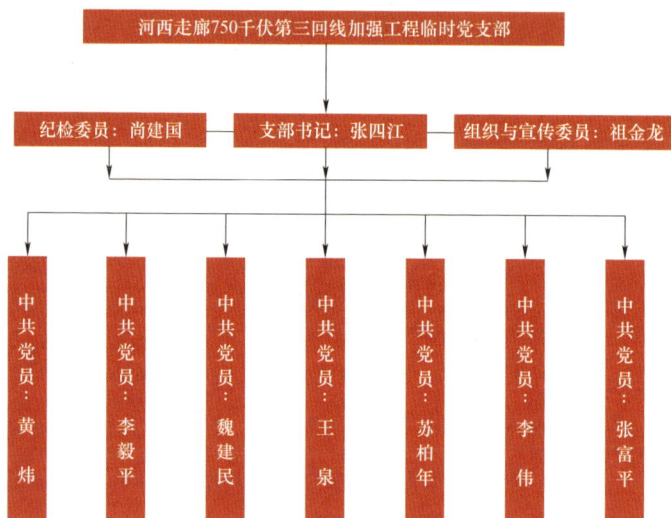

图 2-8　临时党支部组织机构

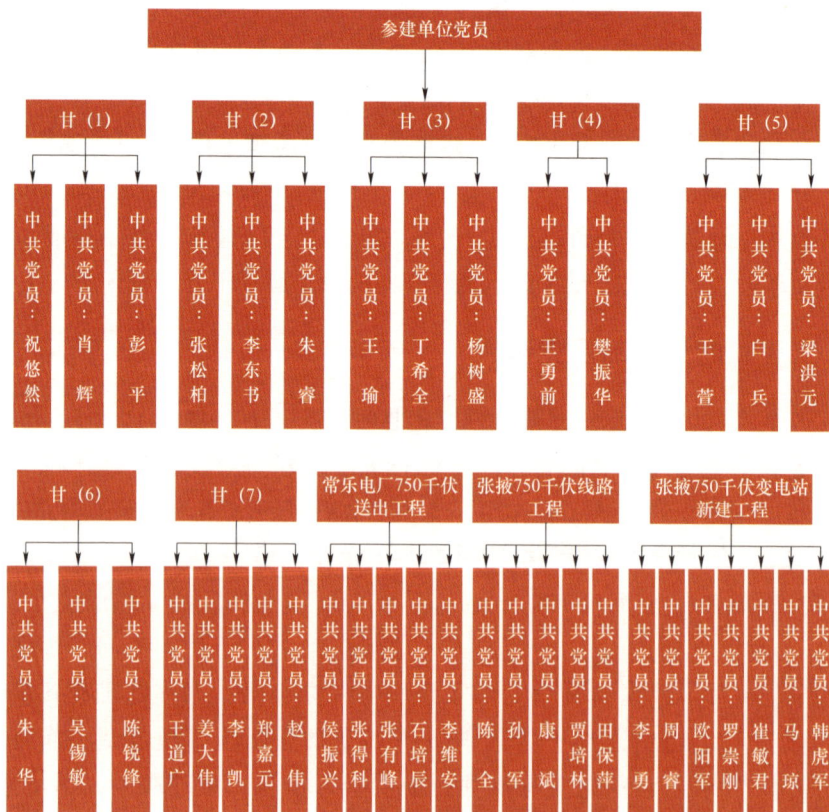

河西走廊750千伏第三回线加强工程临时党支部

纪检委员：尚建国　　支部书记：张四江　　组织与宣传委员：祖金龙

中共党员：黄　炜　　中共党员：李毅平　　中共党员：魏建民　　中共党员：王　泉　　中共党员：苏柏年　　中共党员：李　伟　　中共党员：张富平

图 2-9　参建单位党员

参建单位党员

甘（1）　甘（2）　甘（3）　甘（4）　甘（5）

甘（1）：中共党员：祝悠然　中共党员：肖　辉　中共党员：彭　平

甘（2）：中共党员：张松柏　中共党员：李东书　中共党员：朱　睿

甘（3）：中共党员：王　瑜　中共党员：丁希全　中共党员：杨树盛

甘（4）：中共党员：王勇前　中共党员：樊振华

甘（5）：中共党员：王　萱　中共党员：白　兵　中共党员：梁洪元

甘（6）　甘（7）　常乐电厂750千伏送出工程　张掖750千伏线路工程　张掖750千伏变电站新建工程

甘（6）：中共党员：朱华　中共党员：吴锡敏　中共党员：陈锐锋

甘（7）：中共党员：王道广　中共党员：姜大伟　中共党员：李凯　中共党员：郑嘉元　中共党员：赵伟

常乐电厂750千伏送出工程：中共党员：侯振兴　中共党员：张得科　中共党员：张有峰　中共党员：石培辰　中共党员：李维安

张掖750千伏线路工程：中共党员：陈全　中共党员：孙军　中共党员：康培斌　中共党员：贾保林　中共党员：田保萍

张掖750千伏变电站新建工程：中共党员：李勇　中共党员：周睿　中共党员：欧阳军　中共党员：罗崇刚　中共党员：崔敏君　中共党员：马琼　中共党员：韩虎军

第三章

工程设计及创新

第一节　工程设计的总体思路

设计工作紧紧围绕建设"安全可靠、自主创新、经济合理、环境友好、国际一流"优质精品工程的工程建设目标，通过精心组织管理和强化设计管控，深入开展设计优化工作，确保工程设计质量和进度，实现一流的设计、一流的技术、一流的质量。

通过加强设计优化和设计创新，实现"确保安全性，提高经济性"的工程设计目标，争创国家电网公司优秀设计、电力行业优秀勘察和优秀工程设计、国家优秀工程勘察设计等；按照争创国家优质工程金奖的标准开展工程设计，各阶段设计产品优良率达 100%，争创国家电网公司优质工程奖、电力行业优质工程奖、国家优质工程奖。

第二节　线　路　设　计

一、设计方案

（一）设计概况

河西走廊 750 千伏第三回线加强工程由安徽院、甘肃院、江西院、广东院、西北院、国核院、东北院七家设计单位联合设计，具体分工见表 3-1。

表 3-1　　　　　　　　　　设 计 分 工 一 览 表

标段	标段名称	长度（新建单回）/容量	设计单位
1	敦煌 750 千伏变电站—莫高 750 千伏变电站	62.518 千米	安徽院

续表

标段	标段名称	长度（新建单回）/容量	设计单位
2	莫高 750 千伏变电站—酒泉 750 千伏变电站	87.047 千米	甘肃院
3	酒泉 750 千伏变电站—高台变电站	96.824 千米	江西院
4	高台变电站—柳树堡	62.935 千米	广东院
5	柳树堡—张掖变电站	66.288 千米	广东院
6	张掖变电站—河西变电站	151.07 千米	甘肃院
7	河西 750 千伏变电站—吴家井	114.478 千米	西北院
8	吴家井—省建二局农场	99.252 千米	国核院
9	省建二局农场—白银 750 千伏变电站	96.252 千米	东北院
10	张掖 750 千伏变电站	1×2100 兆伏安	甘肃院

（二）气象条件

1. 设计风速选取

750 千伏河西电网加强工程线路工程的设计基本风速按 50 年一遇离地 10 米高 10 分钟平均最大风速取值，如图 3-1 所示。全线分 3 个风区，基本设计风速分别为 27、29、30 米/秒风区。设计风速分段成果表见表 3-2。

表 3-2　　　　　　　　　　设计风速分段成果表

包序号	起讫地点	设计风速（米/秒）	长度（千米）
包 1	全线（敦煌变电站—莫高变电站）	30	62.518
包 2	全线（莫高变电站—酒泉变电站）	30	87.047
包 3	全线（酒泉 750 千伏变电站—高台县农场）	27	96.824
包 4	高台县农场—临泽县商业局农场	30	30
	临泽县商业局农场—柳树堡	27	32.935
包 5	柳树堡—临泽县营坡滩南	27	9
	营坡滩南—张掖 750 千伏变电站	30	57.288
包 6	河西变电站—民勤县九墩乡	30	67.478
	民勤县的九墩乡—吴家井	29	47
包 7	全线（吴家井—省建二局农场）	29	99
包 8	省建二局农场—黄河西岸	29	48
	黄河跨越	30	2
	黄河东岸—白银变电站	27	46.252
合计			685.594

2. 设计覆冰选取

全线冰区遵循覆冰地区的相似性和差异性原则，按不同的指标分级进行划分，如图 3-2 所示。分为轻冰区 5、10 毫米，中冰区 15 毫米。设计覆冰取值分段成果表见表 3-3。

表 3-3　　　　　　　　　设计覆冰取值分段成果表

包序号	起讫地点	设计覆冰（毫米）	长度（千米）
包 1	全线（敦煌变电站—莫高变电站）	5	62.518
包 2	全线（莫高变电站—酒泉变电站）	5	87.047
包 3	全线（酒泉 750 千伏变电站—高台县农场）	10	96.824
包 4	高台县农场—柳树堡	10	62.935
包 5	柳树堡—张掖 750 千伏变电站	10	66.288
包 6	河西变电站—吴家井	10	114.478
包 7	全线（吴家井—省建二局农场）	10	99.252
包 8	省建二局农场—黄河西岸	10	48
	黄河跨越	15	2
	黄河东岸—750 千伏白银变电站	10	46.252
合计			685.594

（三）导地线

1. 导线选型

普通钢芯铝绞线 JL/G1A-400/50 制造工艺成熟，设计、建设、运行经验丰富且良好，经济性与铝合金芯铝绞线相差不大，且比高导电率钢芯铝绞线优质，因此本工程推荐采用 6×JL/G1A-400/50 钢芯铝绞线。导线分裂间距为 400 毫米。

2. 地线选型

变电站出线 5～10 千米地线推荐采用 JLB20A-150 铝包钢绞线，其余段地线推荐采用 JLB20A-120 铝包钢绞线。光纤复合架空地线采用 OPGW-120 和 OPGW-150。

3. 导地线防振

根据运维单位意见，本工程导线防振锤、间隔棒及地线防振锤均采用预绞式。

4. 导线防舞

线路大部分位于 0 级舞动区，部分线路经过 1 级舞动区，根据《国家电网公司新建输电线路防舞设计要求》的要求，在 1 级舞动区的防舞措施包括：

（1）耐张塔横担与塔身连接处采取构造措施，提高节点平面外刚度。

（2）钢管塔的节点采用法兰连接或 U 型、十字、槽型等插板连接。

（3）全部螺栓采用 6.8 级及以上，最小规格为 M16，以增加螺栓抵抗舞动荷载的能力。

（4）耐张塔、紧邻耐张塔的直线塔，全塔采用双帽防松螺栓。螺母采用镀后攻丝技术，减小螺栓和螺母间的配合间隙。

考虑到本工程附近已有线路较少发生舞动，本工程经过零星 1 级舞动区暂按预留防舞措施考虑；并结合现场终勘定位情况具体确定是否采取措施。

（四）绝缘配合

1. 污区划分

按照《国网基建部关于加强新建输变电工程防污闪等设计工作的通知》（基建技术〔2014〕10 号）："c 级及以下污区均提高一级配置，d 级污区按照上限配置，e 级污区按照实际情况配置，适当留有裕度"。考虑外绝缘设计的前瞻性，结合污秽调查情况，本工程污区划分见表 3-4。

表3-4　　　　　　　　污 区 划 分

包序号	区段名称	污秽等级	长度（千米）	设计单位
包 1	敦煌—莫高 750 千伏输电线路工程	c 级	63	安徽院
包 2	莫高—酒泉 750 千伏输电线路工程	d 级	91.5	甘肃院
包 3	酒泉—张掖 750 千伏输电线路工程（酒泉变电站—高台段）	c 级	98	江西院
包 4	酒泉—张掖 750 千伏输电线路工程（高台—连霍高速西侧）	c 级	7.0	广东院
	酒泉—张掖 750 千伏输电线路工程（连霍高速西侧—兰新高铁北侧）	d 级	24.5	
	酒泉—张掖 750 千伏输电线路工程（兰新高铁北侧—柳树堡）	c 级	32.5	
包 5	酒泉—张掖 750 千伏输电线路工程（柳树堡—张掖段）	c 级	67	
包 6	河西—白银 750 千伏线路工程（河西—吴家井段）	d 级	114	西北院

续表

包序号	区段名称	污秽等级	长度（千米）	设计单位
包7	河西—白银750千伏线路工程（吴家井—省建二局农场段）	c级	37	国核院
		d级	63	
包8	河西—白银750千伏线路工程（省建二局农场—路庄村）	d级	62.5	东北院
	河西—白银750千伏线路工程（路庄村—白银变电站）	c级	36.5	

结合可研评审意见，本工程 c、d 级污区统一爬电比距分别不小于 44、50 毫米/千伏。

2. 绝缘子选型

根据不同材料结构的线路绝缘子特性，本工程悬垂串、跳线串采用复合绝缘子；耐张绝缘子主要采用盘式瓷绝缘子。

根据所选导线型号，210、300、420 千牛级绝缘子将作为线路主要使用的悬垂绝缘子串型式，耐张串推荐采用 420 千牛绝缘子。

3. 绝缘子片数选择

本段污区按照 c、d 级污秽区进行绝缘配置，悬垂串采用合成绝缘子，耐张串采用盘式绝缘子。根据国家电网公司集约化、精细化管理要求，充分发挥集团规模优势，降低采购成本，考虑到统一设备技术标准，全面推进技术标准化、产品系列化，提高物资采购工作效率，本工程复合绝缘子配置建议采用《国家电网公司物资采购标准　高海拔外绝缘配置技术规范（2014 年版）》。

由于本工程线路海拔位于 1000～3000 米区间，按照上述配置原则，参考以往 750 千伏线路合成绝缘子技术参数，确定本工程悬垂绝缘子串合成绝缘子参数见表 3-5。

表 3-5　　　　　　　　悬垂绝缘子（合成）参数表

污秽等级	破坏负荷（千牛）	爬电距离（毫米）	结构高度（毫米）
c级	120	≥23 500	≤7150
	210		
	300		
	420		

续表

污秽等级	破坏负荷 （千牛）	爬电距离 （毫米）	结构高度 （毫米）
d 级	120	≥23 500	≤7150
	210		
	300		
	420		

推荐 420 千牛耐张绝缘子采用双伞型绝缘子，120 千牛（用于换位塔子塔）、210 千牛（用于变电站进线档）耐张绝缘子采用三伞型绝缘子。耐张绝缘子串片数见表 3−6。

表 3−6　　　　　　　耐 张 绝 缘 子 串 片 数

污区	绝缘子型式	1000 米 片	1500 米 片	2000 米 片	2500 米 片	3000 米 片
c 级	120 千牛三伞型	43	44	45	46	43
c 级	210 千牛三伞型	43	44	45	46	43
	420 千牛双伞型	40	42	44	45	46
d 级	120 千牛三伞型	48	49	50	51	52
	210 千牛三伞型	48	49	50	51	52
	420 千牛双伞型	45	47	49	50	51

（五）防雷及接地

1. 防雷措施

本工程采取如下防雷措施：

（1）全线架设双地线作为防雷保护的主要措施。

（2）单回线路地线对边导线的保护角不大于 10°。

（3）两地线之间距离，不应超过地线与导线间垂直距离的 5 倍。

（4）在一般档距的档距中央，导线与地线的距离应满足 $S \geqslant 0.015L + 1$ 要求。

（5）所有杆塔均应接地，在雷季干燥时，每基杆塔不连地线的工频接地电阻应满足规程要求，必要时采用加长埋设接地体等措施以降低铁塔的接地电阻。

（6）当铁塔呼称高超过 60 米时，为获得较高的耐雷水平，其接地电阻的设计值应适当减少。

2. 接地措施

为了保证安全可靠接地，每基铁塔均四腿接地。杆塔接地装置的工频电阻均满足《110 千伏～750 千伏架空输电线路设计规范》（GB 50545—2010）要求。

接地体埋设深度，居民区及耕地不小于 0.8 米，且在耕作深度以下，其他不小于 0.6 米。

为使接地装置有较好的散流作用，接地引下线推荐采用热镀锌 ϕ12 圆钢，采用四点引下线型式。接地装置推荐采用接地框加水平接地射线的型式，接地体推荐采用热镀锌 ϕ12 圆钢。

对于接地电阻较大，土壤电阻率高（$\rho \geq 2000$ 欧·米）的杆塔，在工程自然条件不能够满足技术要求时，推荐采用加装降阻接地模块、离子接地极等综合降阻措施。

在地下水对钢结构有中、强腐蚀性的地区，有针对性地采用长效防腐蚀接地装置，推荐采用石墨接地形式。

弱腐蚀地区接地装置推荐涂刷导电防腐涂料。

（六）绝缘子串及金具

1. 导线悬垂串

导线悬垂串按其组成联数分为单联、双联。采用单联还是双联绝缘子串，主要由绝缘子串的机械和电气性能决定的。联数取用也受产品生产能力的限制，还要兼顾线路建设投资、运行费及工作可靠性等指标。

通过技术经济比较，本工程导线采用水平排列，直线塔导线绝缘子串边相采用 I 串，中相采用 V 串，强度等级主要为 2×210、2×300、2×420 千牛。

本工程中相 V 串夹角取最大风偏角减去 5°～10° 后的 2 倍。V 串的合成绝缘子与金具连接采用环环连接，增加转动点，可防止脱扣。

本工程耐张塔跳线采用鼠笼式刚性跳线，采用单联悬垂 I 串及爬梯两种方式悬挂。

2. 导线耐张串

根据荷载要求，本工程耐张串强度等级主要为 2×120、2×210、2×420 千牛，串中各联水平布置。

2×420 千牛双联串适用于一般区段，2×210 千牛双联串适用于出线档，本工程换位辅助塔间跳线采用耐张串，强度等级选用 2×120 千牛。

3. 联间距

根据各型绝缘子盘径大小并参考以往工程经验，推荐本工程双联或多联绝缘子串联间距如下：

（1）悬垂串双联串联间距推荐 420 毫米。

（2）导线 2×120、2×210 千牛耐张串的联间距推荐 420 毫米。

（3）导线 2×420 千牛耐张串的联间距推荐 600 毫米。

4. 地线绝缘子串组装形式

地线悬垂串根据荷载情况采用单联或双联型式，耐张串采用单联或双联型式。

5. 主要金具

750 千伏超高压送电线路导线截面积大，质量及张力大，相导线分裂根数多，组装型式复杂，且本工程地处高海拔地区，部分线路位于盐湖附近，金具除满足强度、受力等要求外，防电晕及防腐性能至关重要。

以往 750 千伏线路工程对大部分金具在防电晕方面进行了改进，还研制了均压屏蔽环、间隔棒和相关联板等金具，并已基本定型。国家电网公司已组织完成了 750 千伏金具通用设计，因此以往 750 千伏线路研制的金具及通用设计采用的金具将作为本工程主要金具来源。

（七）导线对地距离和交叉跨越

导线对地和交叉跨越距离执行《110kV～750kV 架空输电线路设计规范》（GB 50545—2010）。

变电站内对地及交叉跨越距离参考《高压配电装置设计规范》（DL/T 5352—2018）执行。

本工程长距离在哈郑工程、酒湖工程、吉泉工程三回特高压直流输电线路形成的特高压直流线路走廊北侧平行走线，按照电磁环境计算结果，其平行距离与导线对地距离的关系见表 3-7 和表 3-8。

表 3-7　　　　　　单回水平 750 千伏交流线路与水平排列

±800 千伏直流线路同走廊时的最小对地高度

接近距离（米）	非居民区导线最小对地高度（米）	
	±800 千伏直流线路	750 千伏单回交流线路
90	20	17.5
100	20	17.5
≥130	20	16.5

注　接近距离是直流线路中心至交流线路中心的距离；交流线路高度从 15.5 米起计算，间隔 1 米。

表3-8　　　　　单回水平 750 千伏交流线路与垂直排列 F 塔
±800 千伏直流线路同走廊时的最小对地高度

接近距离（米）	非居民区导线最小对地高度（米）	
	±800 千伏直流线路	750 千伏单回交流线路
90	20	17.5
100	20	17.5
≥120	20	16.5

（八）杆塔与基础设计

1. 杆塔规划

根据系统安全运行要求，本工程线路均按单回路架设。

本工程导线均采用 6×JL/G1A－400/50 钢芯铝绞线，根据沿线的风区、冰区、海拔、地形分布及每个区段线路长度等实际情况，本工程单回路共规划了 5 套杆塔系列，见表 3-9。

表3-9　　　　　　　　杆塔系列规划种类统计表

系列	回路数	导线	设计风速（米/秒）	设计覆冰厚度（毫米）	海拔（米）	地形
一	单回路	6×JL/G1A－400/50	27	10	2000	平地、山地
二	单回路	6×JL/G1A－400/50	27	10	3000	山地
三	单回路	6×JL/G1A－400/50	29	10	2000	平地、山地
四	单回路	6×JL/G1A－400/50	30	10	1500	平地
五	单回路	6×JL/G1A－400/50	30	10	2000	平地、山地

注　OPGW 开断采用Ⅱ型直线塔。

2. 杆塔设计

（1）塔型选择。全线杆塔采用自立式铁塔。单回路悬垂直线塔采用导线"中相 V 串，边相 I 串"水平排列的酒杯型塔，单回路耐张塔均采用干字形塔，换位塔采用主塔加子塔的方式进行换位。单回路塔型如图 3-1 所示。

（2）杆塔选材。杆塔用材料选择严格遵守《架空输电线路杆塔结构设计技术规定》（DL/T 5154—2012）等相关规范、规定的要求，同时应按以下原则执行：

1）本工程全线采用角钢塔，按照安全可靠、经济合理的原则优先选用 Q420 大规格角钢。

图 3-1　单回路塔型

2）当极端最低温度低于 - 30 摄氏度时，采用 Q235B、Q345B 普通规格角钢和 Q345B 大规格角钢，以及 Q420C 高强钢（肢宽不大于 200 毫米）。

3）当极端最低温度不低于 - 30 摄氏度时，采用 Q235B、Q345B、Q420B 普通规格角钢及大规格角钢。

4）Q235B、Q345B 钢焊条采用 E43 型、E50 型两种焊条，Q420B 高强钢尽量避免焊接。

5）连接螺栓采用 M16（6.8 级）、M20（6.8 级）及 M24（8.8 级）普通粗制螺栓。

（3）铁塔设计优化。杆塔设计工作技术要求高、工作量大，是整个输电线路工程设计中最能够体现设计水平的主体部分之一。杆塔设计水平的高低、设计质量的优劣将直接影响整个工程的安全性、适用性、经济性和可持续性。本工程在总结以往工程的杆塔设计、杆塔试验和杆塔相关科研工作的基础上，开展杆塔选型、选材计算和设计优化的研究工作。从塔头型式、结构布置、节点构造、杆塔材料等多方面进行了设计优化。

3. 基础设计

（1）基础选型。基础工程是输电线路工程体系的重要组成部分，其设计的优劣直接关系线路工程的安全运行、工程造价控制和工程对环境的影响程度。基础设计必须依据线路工程的地形、地质和施工条件，按照"安全可靠、方便施工、便于运行、注重环保、节省投资"的原则，综合考虑地质和交通运输条件，进行基础方案的选择与优化。

在基础方案选择时，应遵循的原则包括：

1）结合本工程地形、地质特点及运输条件，综合分析比较，选择适宜的基础型式。

2）在安全、可靠的前提下，尽量做到经济、环保，减少施工对环境的破坏。

3）充分发挥每种基础型式的特点，针对不同的地形、地质选择不同的基础型式。

4）针对不良地基，提出特殊的基础型式和处理措施。

结合特高压线路铁塔的基础受力特点、施工现状及特高压线路工程的特性，在基础方案选择时尚应考虑以下方面：

1）采取合理的结构型式，减小基础所受的水平力和弯矩，改善基础受力状态。

2）充分利用原状土地基承载力高、变形小的良好力学性能，因地制宜地采用原状土基础。

3）注重环境保护。

4）注重施工的可操作性和质量的可控制性。

根据本工程的地形、地质特点和安全、经济、环保的原则，分别按本工程一般地质条件，如黏性土地基、上覆土岩石地基、岩石地基和软土地基等，对铁塔拟采用的基础型式进行了详尽的工程量分析及技术经济比较。

通过对适合上述地形、地质的多种基础型式进行选型比较，选择合适的基础型式，见表3-10。

表3-10　　　　　　　　　　　本工程推荐基础型式

地质分类	基础型式选择
上覆土较薄（小于2米）的岩石地基	对于中风化岩石，推荐采用岩石嵌固基础或挖孔基础。 对于塔位较陡的基础，推荐采用挖孔基础
上覆土较厚（大于2米）的岩石地基	直线塔和转角塔均推荐采用挖孔基础
一般土质地基	荷载较小的直线塔可采用掏挖基础。 荷载较大的耐张塔和地形陡峭区域杆塔，宜采用挖孔基础。 土质松散、不易掏挖成形的塔位，考虑采用柔性扩展基础
沙漠地基	主要采用柔性扩展基础
河网地基及地下水位较浅地基	基础作用力较小时采用灌注桩基础，基础作用力较大的杆塔宜采用承台灌注桩。对个别施工机械不易进场的塔位可采用直柱柔性扩展基础

（2）铁塔与基础的连接方式采用地脚螺栓。地脚螺栓连接方式加工简便，适用于所有基础型式，由于塔脚板上螺栓孔直径为 1.25 倍地脚螺栓直径，安装时有一定的调节范围，施工技术成熟，施工精度易满足。地脚螺栓连接可用于所有地质条件，主要用于直柱基础。

（3）基础优化设计。

1）基础埋深。最佳基础埋深是优化基础设计的一项主要内容。由于线路工程的特殊性，基础大部分由上拔控制，当地质条件较好时，适当加深基础埋深（不超过临界埋深为宜），充分利用土重抗拔，可减小基础底板的尺寸，从而大幅度减少混凝土用量。虽然深埋基础会导致主柱钢筋、基坑开挖量有所增加，但基础底板尺寸的减小可以使总的钢筋量和混凝土量减少。本工程对不同类型铁塔基础最佳埋深须视塔位地质条件、受力大小及基坑开挖情况来进行计算，并分析优化。

2）基础底板宽及底板厚。底板宽度在埋深确定的情况下，由基础的上拔和下压计算确定，一般基础埋深与底板宽之比为 1.5 左右。底板厚度由两个方面来控制：基础冲切计算和宽厚比小于 2.5。在满足这两点且底板宽已经确定时，若减小底板的厚度，可减少混凝土用量，但钢材会有所增加。本工程结合不同杆塔类型及地质条件，优化基础底板厚度与厚度关系，从而达到经济最优化。

3）地脚螺栓偏心处理。为了改善基础受力，降低杆塔水平力带来的不利影响，本工程采用地脚螺栓偏心处理优化措施，地脚螺栓偏心距的取值遵循三个原则：① 偏心后，应能满足塔脚板的最外边缘距离基础主柱外缘不小于 100 毫米，便于保护帽的浇制；② 偏心后，应能保证地脚螺栓锚板的最外边缘距离基础主柱外缘不小于 100 毫米；③ 偏心后，应能保证地脚螺栓的中心距离基础主柱外缘不小于 4 倍地脚螺栓直径，且不小于 150 毫米。

4. 不良地质处理措施

（1）湿陷性黄土地区处理措施。根据《架空输电线路基础设计技术规程》（DL/T 5219—2014）的规定，对于Ⅱ级非自重湿陷性场地不需进行处理，因此只对Ⅱ级及以上自重湿陷性场地提出处理措施。

1）位于山坡、山梁、山顶等位置的杆塔。推荐采用原状土基础。根据现场情况在塔位上方适当位置加设截水沟，将水流引向基础保护范围以外，并在基面做自然散水坡，将基面雨水排向塔位下方。当塔基位于施工或维修道路下方时，应避免道路入口直接面对塔位。

2）位于台阶的杆塔。如果地形利于自然排水，无汇水时，采用原状土基础。由于水渗入地基并与地基湿陷性黄土接触的可能较小，因此不需要对此类地区地基进行处理，但要做好基面散水；如果地形不利于自然排水，且有汇水时，基础型式根据具体情况合理选择开挖或者掏挖。

3）位于平地（非水浇地、无汇水、有少量雨水等）位置的杆塔。当塔位湿陷等级较低（Ⅱ级）时，无须进行地基处理，采用原状土基础。

4）位于平地（水浇地、汇水量大）等位置的杆塔。推荐采用大开挖基础，并且采取 2:8 灰土垫层加防水层处理，除了在基坑顶部铺设防水层外，还应在每个独立基础底面的四周铺设隔水带，以增强其防水效果。

（2）腐蚀地区基础设计措施。对具有腐蚀性的塔位，具体腐蚀等级按照《工业建筑防腐蚀设计标准》（GB/T 50046—2018）的相关规定，并参照哈郑工程腐蚀地区工程经验执行。

钢筋混凝土保护层厚度不小于 50 毫米，灌注桩基础钢筋混凝土保护层在中腐蚀地区不小于 55 毫米，强腐蚀地区不小于 65 毫米。

基础表面防腐蚀涂层推荐采用改性高氯化聚乙烯（HCPE），中等腐蚀地区涂层干膜厚度不小于 200 微米，强腐蚀地区不小于 300 微米。

（九）设计阶段环保水保专项设计措施

1. 设计阶段环境保护措施

（1）路径选择阶段采取的环境保护措施。本工程在路径选择阶段充分听取沿线各相关单位的意见，优化了路径，基本避开了沿线自然保护区、风景名胜区等环境敏感区域；尽量避开了民房，减少了拆迁民宅的数量；基本避开了林木密集覆盖区、果园、经济作物田地，采取尽量避开的原则，以减少林木砍伐，保护生态环境；避开了军事设施、城镇规划、大型工矿企业及重要通信设施，减少线路工程建设对地方经济发展的影响。

（2）电气设计中采取的环境保护措施。本工程对邻近的通信设施均采取相应防护措施，本工程选择了大直径导线，降低无线电干扰水平；当线路与公路、铁路、通信线、电力线交叉跨越时，严格按照有关规范要求留有足够净空距离。

（3）土建设计中采取的生态环境保护措施。本工程铁塔采用全方位高低腿铁塔配合不等高基础，占地量少，减少了土石方开挖量及水土流失，保护了生态环境。此外，在林区（考虑树木自然生长高度）导线最低距树冠高度不小于 8.5米，杆塔定位时，考虑增加塔高，减少林木砍伐，只砍伐施工通道。

（4）沿线居民点的环境保护措施。本工程在路径选择阶段，以避让沿线居民点为原则，对线路路径进一步优化，尽量避开沿线集中的居民点，并且对沿线拆迁范围内的居民点进行拆迁，保证输电线路工程对沿线居民点的影响满足国家标准要求。对拆迁的居民按照国家、地方有关规定均进行了妥善安置、赔偿，拆迁赔偿落实到拆迁户，保证拆迁居民生活质量不受影响。

（5）并行线路路段居民点的保护措施。对本工程线路与其他线路并行走线的情况，由于工程实施过程中可能存在的不确定因素，故在工程概算中预留了一定费用，作为并行线路补充房屋拆迁用，保证工程的顺利实施。

（6）生态环境影响防护措施。路径选择时应基本避让自然保护区、森林公园、风景名胜区、林地和基本农田等生态敏感区域；对未能避让的林区采用高跨的方式通过；设计中严格执行尽量不占、少占基本农田的用地原则，且占用耕地要以边角田地为主，对占用的基本农田按照《基本农田保护条例》办理相关的用地手续；对于占用的林地，依据《森林植被恢复费征收使用管理暂行办法》向林业主管部门交纳森林恢复费用，专门用于森林恢复。

2. 设计阶段水土保持措施

（1）选线时的设计优化。主体工程路径选择时，基本避开了林区，减少林木砍伐。杆塔定位时基本避开了村庄、果园、经济作物田地和陡坡；高塔方案的应用，较大程度地减少了林木砍伐；通过路径优化缩短了线路长度，不但节约了工程投资，而且减少了对水土保持设施的破坏，对防止植被破坏、减少水土流失具有十分重要的意义。

（2）尽量避开陡坡和不良地质段。线路选线和塔基定位时，塔位基本避开了陡坡和不良地质段。通过选用转角塔、利用塔头间隙及负荷允许条件下带小转角的直线塔等优化设计避开了陡坡和不良地质段。因此，大大减少了基础开方工程量，大大减少了扰动破坏地表面积及弃土弃渣量。不良地质段土体内部受力极不稳定，外界活动易诱发土体失稳，通过避让可避免滑坡、崩塌、泻溜等重力侵蚀的发生。

（3）优先考虑原状土基础。本工程优先使用掏挖基础、人工挖孔基础、岩石嵌固基础等原状土基础，避免了基坑大开挖，充分利用原状土力学性能，提高基础抗拔能力，同时减少地表植被破坏，节省开挖及回填工作量，保护生态环境。

（4）采用全方位高低腿塔及主柱加高基础。为了减少开方量、节省投资、少破坏塔位植被，铁塔全方位长短腿设计成为山区线路工程首选方案。铁塔全方位长短腿与不等高基础的配合使用，有效解决了前期工程中出现的小"簸箕"

问题，做到少开或不开基面，达到近乎完美的最佳效果。

（5）基面排水。本工程对汇水面较大的塔位，在塔位上方修建排水沟，将上方汇水引向塔位较远的下边坡。

（6）护坡及挡土墙。本工程对塔基周围土质松散、无植被或植被稀疏、降基面困难的塔位，采用砌挡土墙或砌护坡，可以减少甚至不降基面。

（十）施工及运维措施

本工程输电线路输送距离长、环境条件多变、地形地质条件复杂、局部地段交通困难，在初步设计阶段，设计考虑采用以下措施和手段来减轻将来运行维护的工作难度，为运维工作提供便利。

1. 在线监测

通过安装在线监测装置、使用先进智能监测设备、汇集状态信息进行输电线路设备运行状态评估，发现输电网运行隐患并借助巡检系统及时进行信息交互、故障处理。保证线路运行安全，实现线路运行状态的可控、能控、在控。

针对本工程地形、地质、气象条件复杂的特点，全线安装各类在线监测装置。对整条线路进行包括图像、视频、分布诊断装置在内的各种情况进行综合监测。大大提高了线路运行的安全可靠性，降低了运行维护难度。

2. 运维道路修筑

为方便线路投运后的运行维护，确保线路安全运行，线路巡视便道纳入本体统一建设。对于一般山地，充分利用已有山间小道等进行修缮，尽量避免采用硬化路面、修筑混凝土台阶等不利于环境保护及水土保持的修筑方式。对于部分陡峭山地、悬崖等道路维护困难地区，根据实际需要采用块石砌筑、路面硬化及混凝土台阶等措施。

3. 铁塔防坠落与基础攀爬装置

本工程塔高较高，需要提高对运行维护人员攀爬作业的安全保护措施。鉴于本工程的重要性，本工程全线所有铁塔都需加装铁塔防坠落装置，防坠落装置的设置参照《国家电网公司新建线路杆塔作业防坠落装置通用技术规定（试行）》（国家电网基建〔2010〕184号）的要求执行。

二、设计亮点

（一）工程变更的控制和工程施工过程中的现场服务

为了保证工程质量、方便施工、满足运行及工程环保并减少设计变更，设计阶段控制的主要项目体现在以下几个方面：

（1）严格执行历次评审意见，准确理解和应用设计规程、施工导则、验收规范，参加设备材料招标技术文件的编制，理解其精髓，减少设计变更。

（2）广泛细致地调查并收资，避免未知因素引起改线等问题。

（3）利用科学的手段进行深入地工作，采用遥感地质解译、地质雷达及探坑，避开危险地质条件，采用 GPS 及全站仪测量塔基，提供塔基地形图。

（4）对施工图进行全面的施工图检查。本工程有少量工程联系单，主要内容为设计图纸的一些补充说明或确认，本工程无重大设计变更，工程量和费用不会超过初步设计与可研阶段的收口概算量。

（二）设计体会和建议

1. 工程设计

本工程初步设计在可研设计的基础上，开展导地线选型、绝缘配合、杆塔、基础选型及优化等多项设计专题研究工作，充分利用科研单位的研究成果和以往工程成功经验，深入开展设计优化和设计创新，积极采用新技术、新材料及新工艺，使设计方案安全可靠、经济合理。本工程初步设计批准概算不超工程核准投资控制指标。

本工程施工图设计文件是按初步设计审定的设计原则和初步设计评审意见编制的。设计文件满足国家、行业及国家电网公司的现行标准、规程、规范等，符合国家电网公司的通用设计、两型三新、设计质量和使用寿命及标准工艺的要求，执行了强制性条文、反事故措施、设计质量通病防治等指导性文件，总体施工图设计满足国家电网公司施工图设计内容深度规定。设计依据的勘测成果文件符合现场实际情况。施工图交付进度满足工程建设要求。本工程施工图预算控制在初步设计批准概算范围之内。

工程设计符合环评、水保、压矿、文物、地灾、安评等可研支撑性报告的批复，符合沿线政府部门的意见。竣工图设计与现场工程实际一致，并按时提交，按要求进行竣工资料归档。

2. 设计服务

配合施工单位进行现场复测和通道障碍物确认，施工图交付后及时进行设计交底，施工期间选派常驻工代进驻施工现场，复核现场实际情况，随时解决施工过程中出现的设计问题，满足现场施工要求。设计工代还参加工地转序验收、到货材料验收、各阶段质量监检、竣工验收等。

根据工程建设进展情况，及时编制监理、施工、设备材料招标文件和材料量统计，满足建设单位监理、施工及设备材料招标要求。

配合业主单位进行资料归档、竣工结算、工程总结、达标投产、工程创优等工作。

3. 设计体会

本工程可研、初设和施工图等阶段的工作内容和设计深度，每一个阶段都有其侧重点，这也符合国家发展改革委投资核准的要求。在工程可研阶段，必须对线路路径进行详尽地踏勘，同时了解线路经过地区的风土人情和地方特点，各方面的收资调绘工作要详细。在外业踏勘之前，各专业都要有收资提纲，而且要经过科级校核和主任工程师审查，保证提纲内容和调研单位齐全、没有遗漏。同时，根据现场收资内容随时调整路径，特别在 6 项专题完成之后，要细看各项专题报告，了解沿线附近的矿藏和性质，查看有无不良地质地形，同时注意线路周围的文物点等。否则，如遇到不可避让的设施，就有可能颠覆原有路径。

在工程初步设计阶段，要依据可研报告等各项专题研究成果和审批意见，细化初步设计方案，包括需增补的协议、专题等，这个阶段一般已经完成设计招标，如果不是可研设计单位，应对工程进行全面了解，并做好全线调查，做到心中有数。在现场调查过程中，也要对沿线电力运行单位进行回访，听取当地运行部门的运行意见，包括污秽情况和工程设计气象条件的取值等。工程初设文件基本完成，大的技术原则确定后，应及时与业主主管领导、基建等部门沟通，最终设计文件应涵盖业主、运行等部门的建设性意见，使得初步设计内容全面切合工程实际情况，不至于造成某方面设计考虑不周，出现不合理现象。

在施工图设计阶段，应依据初步设计评审意见和审查后的路径方案。有航测资料时，应利用航测资料优化设计路径，确定最终路径和转角坐标并完成纵向断面图，根据航测断面，利用计算机进行室内优化排位，校验路径的合理性（针对具体塔位）。如果没有航测资料，应充分利用地形图，结合现场实际，多方案比较路径，最终确定合理方案。在最终勘过程中，一定要保证资料的完整性和准确性，特别是测量、地质资料，要具体到每基塔位。因为这些基础的原始资料都是设计依据，容不得半点马虎。在初设阶段，有些差错可以重新修改，甚至设计方案也可以增加比较重新论证，但在施工图阶段设计稍稍有点失误都会造成资金损失，甚至造成人力、物力和施工工期延误等。

线路工程设计的各个阶段都要充分了解外部环境,把握影响线路建设的各项因素，多方面积极征求建设、运行单位的意见，密切与监理、施工单位联系配合，这样可以达到事半功倍的效果。

第三节　变 电 站 设 计

一、工程概况

甘肃 750 千伏电网贯通甘肃省，西起酒泉市，经河西走廊至甘肃中部兰州白银、天水地区，再向东南延伸至东端甘肃陇东地区。随着 750 千伏电网的逐步发展完善，甘肃省内形成了坚强的 750 千伏主网架，覆盖甘肃主要负荷中心、电源基地，成为西北电网省际电力交换的大通道、西电东送的主干网络。

张掖 50 千伏变电站工程的建成，缓解了河西 750 千伏变电站主变压器的汇集压力，增加了河西地区 750 千伏主变压器容量，满足了张掖地区规划新能源项目和大古山抽水蓄能电站等电源的汇集和上网需要，满足了公网用电负荷增长需要，提高了公网负荷供电和兰新高铁的供电可靠性，以及河西主网的输电能力。

张掖 750 千伏变电站站址位于张掖市甘州区以东约 23.5 千米处，G312 国道在站址东侧 6.0 千米处通过，国道与站址之间有部分水泥路和部分砂石路与站址相连，同时，G30 连霍高速老寺庙出口处在站址西南侧直线距离约 4.5 千米处，该处可通过 G312 国道、水泥路、砂石路到达站址处，距离约 8.9 千米。站址交通运输条件良好。

站址 3.0 千米范围内均为戈壁地，属龙首山偏西段山前洪积扇中部略下部位。其北侧离龙首山山脚最近距离约 6.0 千米，区内地形较起伏，大中型冲沟发育，海拔 1604.0～1679.0 米，东北—西南向自然坡度最大，约为 51.0‰，地表无树木、杂草。

张掖 750 千伏变电站鸟瞰图如图 3-2 所示。

二、工程方案

本工程于 2015 年进行可行性研究阶段设计。设计之初，执行 2011 年版国家电网公司通用设计。根据本工程实际建设规模、环境条件要求，对通用设计方案进行针对性调整和优化，对常规敞开式 AIS 方案和 GIS 方案进行了综合比较，最终确定可研阶段推荐采用常规敞开式配电装置的技术方案。

图 3-2　张掖 750 千伏变电站鸟瞰图

本工程于 2018 年开始进行初步设计。进行初步设计时，国家电网公司已颁布《国家电网公司输变电工程通用设计　330～750kV 智能变电站分册（2017 年版）》。该版通用设计首次增加了 750 千伏变电站 HGIS 配电装置的技术方案（750-B-1），该方案中，750 千伏及 330 千伏配电装置全部采用 HGIS 配电装置。

在可研阶段推荐采用的常规敞开式配电装置方案中，750 千伏采用 SF_6 罐式断路器加三柱水平旋转式隔离开关，330 千伏采用 SF_6 柱式断路器、油浸倒置式电流互感器、单柱垂直伸缩式隔离开关和五柱水平旋转式组合电器。

HGIS 配电装置，没有户外敞开式隔离开关，提高了设备可靠性。此外，敞开式配电装置占地面积较大，HGIS 方案实际占地比可研阶段的 GIS 方案还减少了 1.924 4 公顷；而本工程原始场坪坡度较大，减小占地面积可有效降低工程土石方量。

经过对方案的比对详细优化，本工程 HGIS 方案的总投资控制在了可研投资范围内，最终确定采用 HGIS 配电方案。

本工程可行性研究和初步设计均遵照国家电网公司通用设计方案进行；在各设计阶段的内容深度上，均严格遵循《国家电网公司输变电工程可行性研究内容深度规定》和《国家电网公司输变电工程初步设计内容深度规定》的要求，设计深度完全满足要求。

此外，在工程设计中，还严格执行了《国家电网公司十八项电网重大反事故措施（修订版）》的要求。工程设计中，贯彻执行国家电网公司标准工艺要求，根据工程实际情况，设计选择执行标准工艺 36 条。

以上要求，切实保证和提高了本工程的设计质量，使之达到较高的水平。

三、主要技术特点

1. 建设规模

根据系统规划，张掖 750 千伏变电站的建设规模详见表 3-11。

表 3-11　　　　　　　　　　张掖 750 千伏变电站建设规模

序号	项目	前期	本期	终期
1	主变压器（兆伏安）	1×2100	3×2100	主变压器（兆伏安）
2	750 千伏出线（回）	1	13	750 千伏出线（回）
3	750 千伏并联电抗器（兆乏）	1×360	2×270+1×360+2×480+4×300	750 千伏并联电抗器（兆乏）
4	330 千伏出线（回）	6	23	330 千伏出线（回）
5	66 千伏电抗器（兆乏）	1×5×90	3×5×90	66 千伏电抗器（兆乏）
6	66 千伏电容器（兆乏）	1×5×90	3×5×90	66 千伏电容器（兆乏）

2. 电气主接线

根据系统设计，本变电站 750 千伏配电装置远期 13 线 3 变，8 个完整串规，综合考虑供电可靠、运行灵活、操作检修方便、投资节约和便于过渡或扩建等因素，确定 750 千伏配电装置主接线采用 3/2 断路器接线。

330 千伏远期共 23 回出线及 3 台主变压器共 26 个元件，330 千伏配电装置远期主接线采用 3/2 断路器母线双分段接线。母线分段满足系统运行方式和限制断路器电流的需要。

主变压器 66 千伏侧采用单母线接线，接低压无功补偿装置及站用电源，到主变压器 66 千伏侧远期共将安装 450 兆乏并联电抗器和 450 兆乏并联电容器，主变压器 66 千伏侧出口按 2 个分支回路设计。主变压器 66 千伏侧采用单母线分两段接线方式，本期每台变压器下安装 2 台分支总断路器、9 台分支断路器。站用工作变压器（共 2 台）分别由 1、2 号主变压器低压侧母线引接；备用站用电源由站外 110 千伏玉门变电站 10 千伏引接。

3. 配电装置

站内布置分为生产区和辅助生产区。生产区中分为主变压器及 66 千伏配电装置区、750 千伏配电装置区和 330 千伏配电装置区，总平面基本呈凸字形布置。750 千伏配电装置，主变压器和 66 千伏配电装置、330 千伏配电装置自北向南呈三列式布置。

750 千伏配电装置布置于站区南侧，采用户外中型布置、HGIS＋悬吊管型母线。750 千伏线路向西和东两个方向出线，西侧终期出线 6 回、东侧终期出线 7 回；1、3 号主变压器低穿从拐头进串，分别从第 3 串和第 2 串端头进入串内，2 号主变压器低穿垂直进入第 1 串。

330 千伏配电装置布置于站区北侧，采用顺列串进出线方案，即 3 台主变压器全部采用顺串进线方式，330 千伏线路向南方向出线；主变压器及 66 千伏配电装置布置于站区中部。辅助生产区位于站区中部西侧，站区主入口位于辅助生产区。整个站区总平面布置工艺顺畅、合理，站内功能分区明确。

4. 主要设备选择

根据设备招标结果，本工程主要电气设备确定如下：

（1）750 千伏 HGIS 经招标选用河南平高电气股份有限公司生产的 HGIS 设备。

（2）750 千伏避雷器招标选用平高东芝（廊坊）避雷器有限公司生产的复合外套氧化锌避雷器。

（3）750 千伏电容式电压互感器选用桂林电力电容器有限责任公司产品。

（4）750 千伏支柱绝缘子选用西安西电高压电瓷有限责任公司产品。

（5）高压并联电抗器经招标采用特变电工衡阳变压器有限公司生产的户外、油浸、铁芯、单相、风冷高压并联电抗器。

（6）高抗隔声罩由利德锐进电力设备（北京）有限公司生产。

（7）330 千伏 HGIS 组合电器选用河南平高东芝高压开关有限公司生产的 ZFW52－550 型组合电器。

（8）330 千伏电压互感器选用桂林电力电容器有限责任公司生产的 330 千伏电容式电压互感器。

（9）330 千伏氧化锌避雷器选用西安西电避雷器有限责任公司生产的 YH10W－300/727 型产品。

（10）330 千伏母线接地开关选用湖南长高高压开关有限公司生产的接地开关，配 CJ12 型电动操动机构。

（11）主变压器经招标采用常州东芝变压器有限公司生产的户外、单相、自耦、三绕组无励磁调压强油导向风冷变压器。

（12）主变压器高压侧避雷器招标采用平高东芝（廊坊）避雷器有限公司公司生产的避雷器。

（13）66 千伏断路器经招标采用西门子（杭州）高压开关有限公司生产的 SF_6 断路器。

（14）主变压器分支进线间隔电流互感器经招标采用山东泰开互感器有限公司生产的 SF_6 电流互感器。

（15）电容、电抗及站用间隔 66 千伏电流互感器经招标采用江苏 ABB 精科互感器有限公司生产的 SF_6 电流互感器。

（16）66 千伏隔离开关经招标采用江苏省如高高压电器有限公司生产的隔离开关，其中主变压器分支进线间隔采用双接地型，额定电流 4000 安；母线电压互感器间隔采用双接地型，额定电流 3150 安；电容、电抗及站用间隔采用单接地型，额定电流 3150 安。

（17）66 千伏电压互感器经招标采用山东泰开互感器有限公司生产的电容式电压互感器。

（18）66 千伏低压并联电容器经招标采用西安电力电容器有限公司生产的框架式并联电容器成套装置，串联电抗器采用干式空心，电抗率 12%。

（19）66 千伏低压并联电抗器经招标采用许继变压器有限公司生产的干式空心并联电抗器。

（20）66 千伏避雷器经招标采用杭州永德电气有限公司生产的瓷外套双重密封氧化锌避雷器。

（21）66 千伏支柱绝缘子经招标采用唐山高压电瓷有限公司生产的户外耐污棒形支柱瓷绝缘子，并联电抗器围栏内采用同型号的非磁性支柱瓷绝缘子。

（22）1 号站用工作变压器选用山东电力设备有限公司生产的 66 千伏有载调压变压器。

（23）本期 0 号备用站用变压器选用特变电工新疆变压器厂生产的 35 千伏有载调压变压器。

按照本工程初步设计审查意见，设备统一爬电比距为 4.33 厘米/千伏（本工程站址污秽等级为 c 级，爬电比距按 d 级取值）。

四、设计创优

1. 创优策划

国网甘肃省电力公司确定张掖 750 千伏变电站工程要"确保工程达标投产、国家电网公司优质工程金奖；创建中国电力优质工程，争创鲁班奖（国家优质工程）"创优目标，张掖 750 千伏变电站设计项目部也明确了变电站设计的创优目标，即：① 工程设计争创电力设计行业优秀设计奖（省部级）；② 科研成果争创电力行业科技进步奖（省部级）1 项；③ 力争发明专利 1 项；④ 力争实用新型专利 2 项；⑤ 力争 QC 成果 1 项，获省部级 QC 成果奖。

在设计创优策划中，根据工程建设的特点，提出了工程的设计难点与亮点，为工程设计创优明确了方向。为达到设计创优的目标，设计项目部明确了施工图设计的控制要点、设计组织机构、组织保证措施及设计服务要求；提出了设计质量管理的原则、过程质量控制的措施、质量检测及持续改进及质量风险管控措施；确定了创优设计技术目标及设计技术创新方案，提出了"三通一标"及"两型一化"设计执行方案；明确了"标准强制性条文执行、质量通病防治及标准工艺应用"要求；有针对性地提出了设计安全风险点及设计安全策划；开展"四节一环保"设计策划，明确了本工程绿色设计的目标。为提高张掖 750 千伏变电站工程的技术含量，在新技术应用上，认真分析《建筑业 10 项新技术（2017 年版）》的相关内容，结合本工程的特点，提出了 9 大项 15 小项的建筑新技术应用于本工程建设中；确定了《国网基建部设计新技术推广应用实施目录（2017 年版）》中 7 个新技术成果推广应用于本工程中；依托本工程建设拟定进行《750 千伏构架柱顶避雷针、地线柱风振响应及其横风涡激振动防治研究》等 3 个科研项目研究及 2 个 QC 成果发布。

在工程设计中，将设计创优策划贯穿设计的全过程，圆满解决了工程的设计难点问题，并将提出的设计亮点变成了现实，将《建筑业 10 项新技术》《国网基建部设计新技术推广应用实施目录（2017 年版）》的相关新技术应用于工程建设中，依托工程建设进行的科研项目已将部分成果应用本工程中，并取得了相关的科研数据，即将转化为科研成果。

2. 设计组织

施工图设计是工程建设中十分重要的阶段，在遵守初步设计已经确定的指导性意见的基础上，对关键方案进行重点论证和优化设计，确保前期创优策划内容落实到地；及时汇报并听取建设单位意见，满足国家法律法规和业主方的要求，确保工程设计优质、高效、顺利进行。施工图设计控制要点和工作内容见表 3-12。

表 3-12 施工图设计控制要点和工作内容

项目	控制要点和工作内容
需要建设方提供的施工图设计依据	批准的初步设计文件。 设计基础资料。 国家和主管部门发布的有关国家标准和行业标准，特别是工程建设强制性条款。 工程创优策划要点。 业主方和施工单位对施工图设计的意见
施工图设计应达到的目的和要求	根据初步设计审查意见，完成工程施工图详图设计供工程施工。 根据创优策划完成对应的设计详图。 提供设备和材料订货清单。 提供工程施工工程量。 提供工程竣工图。 提供工程设计总结
施工图设计的工作内容	根据初步设计审批意见，进一步完善设计方案的遗留问题，有必要继续进行优化设计的项目，列入计划，有目的地进行调研。 根据创优要求，在满足技术、安全及经济性要求的前提下，完成设计编制。 编制各专业设计计划大纲并进行卷册设计。 根据施工图设计的要求，提出需补充勘测的详细勘察任务书。 编制施工图，各专业之间进行相互配合，并开展设计外部评审，广泛征求业主和施工单位的意见。 按照初步设计审定的原则，编制施工图预算。 根据需要在出版前开展施工图设计复查，根据业主要求进行设计外部评审。 依照合同规定业主对施工图进行审查确认

3. 质量、环保风险控制措施实施评价

在该工程开始实施之初，工程设总即在策划文件里明确了本工程质量、环保风险控制措施，包括工程质量目标、"张掖 750 千伏变电站工程外业活动（工代现场服务）危险源辨识与风险评价及控制措施确定""张掖 750 千伏变电站工程外业活动（工代现场服务）危险源辨识与风险评价及控制措施确定""张掖 750 千伏变电站工程设计环境因素识别与风险评价及控制措施确定""外业活动（工代现场服务）环境因素识别与风险评价及控制措施确定"等，工程组各专业人员严格执行本工程相关策划文件和体系运行文件，保证了工程的正常顺利进行，未发生重大质量问题、人身安全问题等，质量、环保风险控制措施实施效果良好。

4. 设计经验总结

（1）设计过程及施工情况。该工程一、二次设备招标于 2018 年 8 月进行，施工图设计于 2018 年 8 月开始，2019 年 4 月土建专业全部完成；电气一次专业于 2019 年 6 月完成；2019 年 7 月系统保护与电气二次全部完成。设计图纸按时交付，满足了工程工期要求。

在该工程的施工过程中，施工单位人员能够很好领会设计意图，按照设计内容要求完成了全部的施工安装工作，满足设计要求，施工质量达到设计标准。

施工过程中，土建和电气两个专业配合良好，未发生设备安装不上或设备基础不匹配的问题。设计工作是为建设单位投产运行考虑，在设计中应在遵从工程审查意见的基础上也充分尊重、采纳用户的意见，尽量做到各方都满意，保证工程最终顺利投产。

（2）现场服务。该工程施工阶段自 2018 年 10 月开始，2019 年 12 月整体工程通过竣工验收结束，共计约 15 个月时间。

本工程设有工代组。工代组长及工代在施工过程中，能够与施工单位及监理积极配合，对监理和施工单位提出的问题耐心解答，对施工中出现的问题及时解决，保证了施工工作的连续性。

本工程土建施工时，土建专业以长驻工代为主，电气专业开始配合防雷、接地、电缆沟和照明等部分的设计施工，主要为了临时工代，通常以电话的方式与土建施工人员沟通，需要去现场时再到现场解决问题。2018 年 3 月上旬开始，电气专业以长驻工代为主，主要为了在工地与施工单位一起对工程施工中的问题加以解决。

（3）重大设计差错及事故处理情况。该工程在施工过程中未发现有重大设计差错，没有重大事故情况发生。

（4）设计中存在的问题。该工程的设计图纸基本依照设备制造厂提供的图纸、资料进行设计，一次设备设计图纸与厂家到货设备基本图实际相符，厂家图纸准确性较高。但在施工过程中，也反映出厂家产品、设计方案仍存在若干技术问题，需要吸取教训，并在今后的设计工作中加以避免。

5. 改进措施

（1）验收最新要求及值得注意的问题。本工程在竣工验收时，验收人员依照"五通一措""六统一"、精益化检查等进行，对设计尤其是二次设计提出了细致的要求，这就要求在以后的设计中，及早将"五通一措""六统一"、精益化要求贯彻到设计联络会、厂家图纸确认、施工图设计等方面，以降低竣工验收缺陷率，减少消缺工作量。

（2）对提高设计质量及质量管理的意见。

1）加强责任心，特别是在工期紧的情况下，更要认真、细心，以防忙中出错。对厂家提供的图纸认真消化，有不明确之处及时与厂家联系并解决。

2）设计图纸的质量应放在首要位置，应尽最大可能不把设计阶段可解决的问题遗留至施工阶段，不仅可以降低施工配合的强度，也不会造成工期延误和不必要的损失。

3）各专业应配合密切，有问题应及时反馈，以减少差错发生，给施工提供方便。

4）在施工图设计之前，与建设单位建立良好沟通，将建设单位的合理要求在设计过程中充分考虑进去，以减少施工后期的问题。

5）应重视质量回访工作，组织与运行单位多交流，尤其在一个工程结束后，应与运行单位座谈，分享工程中好的经验和不足之处，以避免在今后的工程中反复出现同样的问题。

第四节　设　计　创　新

一、路径及通道

1. "先签后建" 特色的通道设计

根据以往的电力工程建设实际情况，项目建设工期常因通道清理工作导致工程建设无法按照既定计划实施。本工程线路路径途经河西走廊的酒泉、玉门、张掖、金昌、武威、白银六市，沿线风土人情复杂、差异较大，涉及的层面较广。鉴于建设工期不定因素的主要根源在于通道的清理工作，为如期保质保量地完成工程建设，本工程在以往工程的试点研究基础上开展了 "先签后建" 特色的通道清理原则研究及通道依法合规设计研究，为 "先签后建" 工作的全面推广奠定了操作准则并确保了程序的依法合规，保证了工程建设按照既定计划开展实施并如期完成项目建设，为后续的工程建设提供可借鉴的宝贵经验。

（1）开展线路通道清理原则研究。参考已建工程设计经验，在线路工程中开展了通道清理专题研究和设计。在结合线路工程技术特点的基础上，广泛搜集沿线省区线路工程通道清理工作经验，充分征求各建管单位意见，通过对目前输电线路工程通道清理工作中时常遇到的路径协议、房屋拆迁、树木跨越及砍伐、大型障碍物搬迁封闭等一系列问题处理原则及方法的调研，提出 750 千伏河西电网加强工程通道清理主要工作内容、设计原则，明确参建各方工作职责，并对工程实施各阶段通道清理工作提出具体要求，为本工程通道问题的妥善处理和顺利实施创造有利条件。

（2）开展通道依法合规设计。输电线路设计过程中牵涉的问题复杂多样，为了尽量减少输电线路建设对周围环境、水土保持、地质灾害、压覆地震安全性、矿产、文物、防洪、林勘等的影响与破坏，要求输电线路的设计必须依法合规。本工程对输电线路设计和建设过程中所涉及问题的相关法律法规进行了归纳，总结了评价审批流程，对输电线路设计中涉及的以上评估进行研究，重点介绍各项评估涉及的法律、法规和相关规定，同时对各项评估的程序、资料等进行介绍，在进行输电线路通道设计、路径选择时对设计人员进行指导，为输电线路的依法合规设计和建设提供了依据。

（3）开展"先签后建"工作。设计单位依据通道清理原则确定沿线需要拆迁或封闭的厂矿、企业等障碍设施，并在设计文件中明确说明拟拆迁（封闭）大型障碍物的法人（公有、私人、企业）、性质（军用、民用）、类型（建筑物、矿产、工厂、通信设施等）、面积、年限（设立年限、矿权期限等），以及矿产资源的储量、开采深度、采厚比、开采方式等。在设计过程中按照国家电网公司文件要求留存设计阶段各类型影像资料，对需要拆迁的房屋等填写一户一卡，并在设计各阶段持续更新。

建设管理单位在现场施工前按照通道依法合规要求与拟拆迁（封闭）厂矿、企业等障碍设施的法人协商赔偿费用，并签订赔偿协议，确保通道清理落到实处，提前解决通道障碍，为全面开展建设提供有力支撑，保证工程建设顺利开展。

2. 采用海拉瓦技术，对线路路径多方案比较优选

本工程采用海拉瓦技术，在卫星照片、1/10 000 地形图上选线，并通过 DEM（数字地面模型）采集断面数据，再利用计算机优化排位程序，有效减少转角数量，方便调整各杆塔位置，使杆塔使用条件最大化，有效提高设计质量及经济性。

二、金具设计

1. 注脂式耐张线夹的应用

由于耐张管与导线之间总会存在一定的缝隙，在耐张线夹上拔严重的情况下，雨水将通过缝隙进入耐张线夹的空腔，空腔中的积水在低温时会反复结冰膨胀，将耐张线夹胀破，进而导致断线事故。耐张线夹采用注脂孔设计，施工时用导电脂把空腔填满，从而避免反复冻胀毁坏耐张线夹。

2. 预绞式金具的应用

河西地区风沙大，采用传统间隔棒时，在大风作用下可能出现间隔棒线夹损坏、松动脱落的现象。采用预绞式间隔棒可有效避免该现象。传统螺栓夹头式防振锤、预绞式防振锤如图 3-3 所示，预绞式间隔棒如图 3-4 所示。

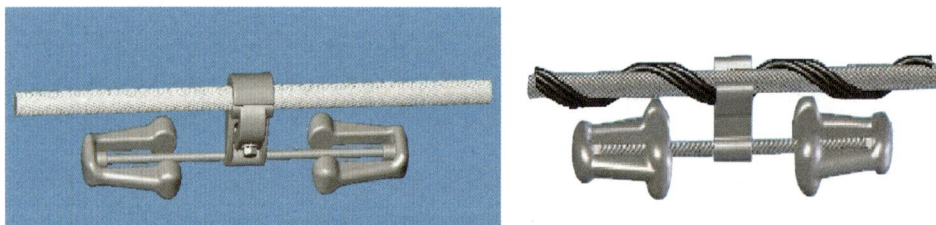

图 3-3　传统螺栓夹头式防振锤、预绞式防振锤

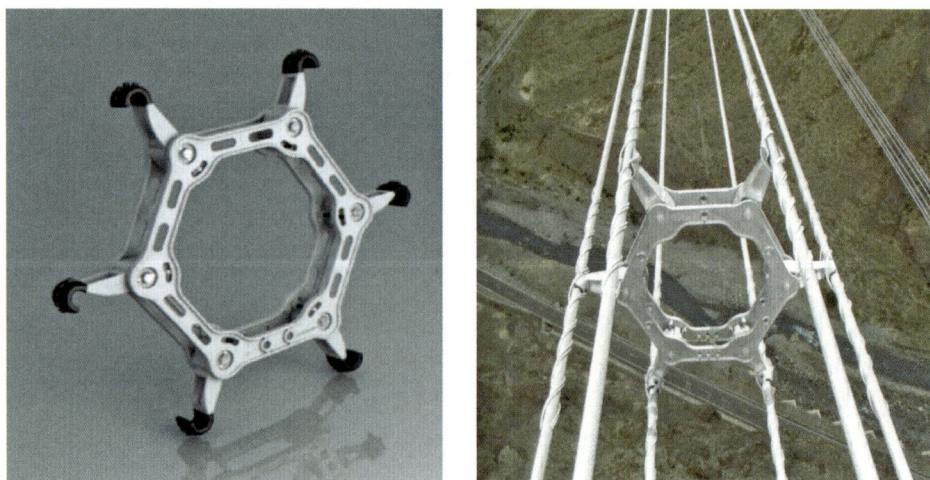

图 3-4　预绞式间隔棒

3. 中相 V 串采用环—环连接绝缘子

将传统的球头—碗头连接改进为环—环连接，彻底消除了球头脱扣的隐患，如图 3-5 所示。

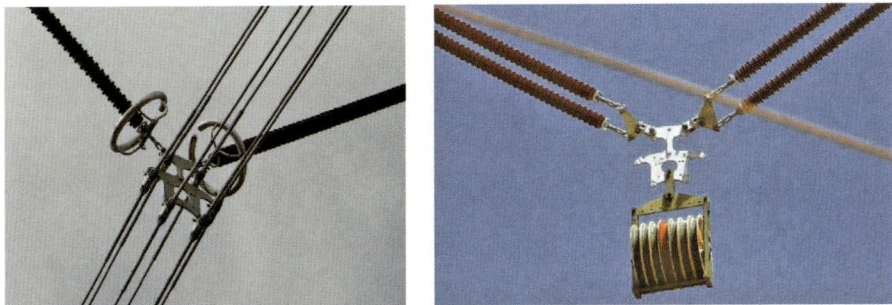

图 3-5　中相 V 串采用环—环连接绝缘子

三、防雷接地设计

复杂地形地质条件下石墨柔性接地系统的设计。石墨柔性接地体采用柔化工艺将具有良好导电性和耐腐性的石墨进行柔化改性，使其电气性能、理化性能、力学性能满足防雷接地技术及工程施工要求，可以彻底解决输电线路杆塔接地装置的腐蚀及接地电阻不稳定问题，实现接地工程免维护。基于石墨柔性接地体具有上述优点，本工程在部分地形陡峭、塔位地形狭窄及具有腐蚀性的部分塔位采用石墨柔性接地材料，用于替代传统的镀锌圆钢。

四、杆塔设计创新

1. F 型终端塔的应用

本期敦煌 750 千伏变电站出线受变电站第三串母线进主变压器的过渡构架影响，由于常规单回路终端塔两侧边相横担较长，导致两侧边相导线对"莫高Ⅲ"间隔两侧的过渡构架立柱的电气间隙无法满足设计规范要求，故提出一种专门用于进 750 千伏敦煌变电站的 F 型单回路终端塔，如图 3-6 和图 3-7 所示。

2. Q420 大规格角钢的应用

针对本工程的特点，为了降低施工难度、减小运输量，同时降低塔材指标，铁塔设计优先采用 Q420 高强度大规格角钢。采用高强钢大规格角钢不仅可充分利用钢材强度，还可减少组合截面的使用，简化结构。一方面可以减少塔重，减少投资；另一方面，可以减小铁塔加工和施工难度，提高设计、加工和施工效率，具有良好的经济和社会效益。

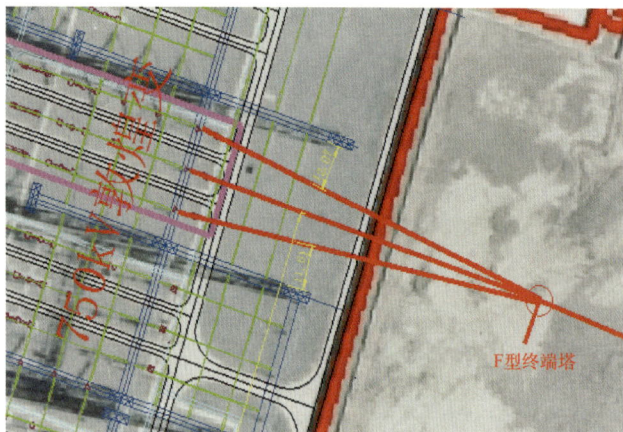

图 3-6　F 型终端塔进构架示意图

3. 低温区铁塔应用

本工程部分地段处于极端最低温度低于零下 30 摄氏度地区（简称低温区）。随着温度的降低，钢材的脆性增大，塑性降低，当温度降到一定程度时，会完全处于脆性状态，结构容易发生脆性断裂破坏。为确保本工程在低温区长期安全运行，规划了低温区铁塔系列。低温区杆塔结构选材通过经济性比较确定采用 Q235B、Q345B 普通规格角钢、Q420C 高强角钢（肢宽不大于200 毫米）进行设计，有效保证了低温环境下输电铁塔的可靠性，为线路安全运行提供安全保障。

4. 铁塔安全防护措施

本工程在杆塔设计阶段采取了加装爬梯及局部加装扶手、休息平台、防坠落装置等安全措施，方便了施工组塔及后期运行维护，降低了施工难度，保障了登塔人员安全，体现了科学发展、以人为本的核心理念。

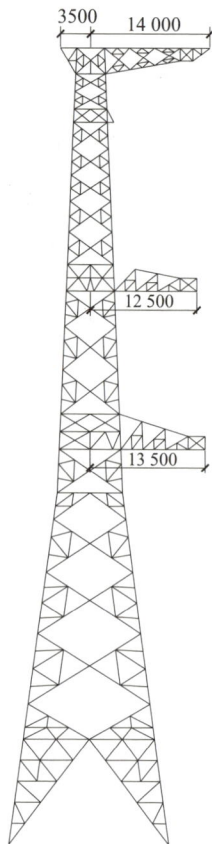

图 3-7　F 型终端塔
单线图

五、基础设计创新

1. 沙漠固沙设计创新

本线路工程在临泽县、高台县、凉州区及民勤县境内线路位于沙漠地区边缘，拟采用草方格加砾石覆盖的措施以达到保护环境和塔基基面的目的。具体做法为：塔架和布线工程完工之后，在铁塔根开加 10 米的见方内，利用芦苇秆或小麦秆固定，其规格为 1 米 × 1 米的网格，草头出露高度为 20～30 厘米，并在每个基础周围 5 米 × 5 米范围内用碎石压盖。这种方案的优点是：一是利用草方格大范围固沙；二是可发挥砾石坚实耐久的优点，提高基础的抗风蚀能力，方便工作人员进行线路维护。

2. 地震液化强腐蚀地区基础应用

根据设计包 8 岩土勘察报告，依照《建筑抗震设计规范》（GB 50011—2010），线路地震基本烈度为 8 度。其中在 8007～8022 号塔位存在中等—严重液化土，并且地基土对混凝土结构具有强腐蚀性。

考虑到该工程的重要性及施工周期等因素，设计包 8 采用了在《新疆与西北主网联网 750 千伏第二通道工程》中使用的《软地基地区耐腐蚀灌注桩基础研究》发明专利。同时使用钻孔灌注桩处理地基液化，此方案将桩身穿过液化土层，打入可靠的非液化土层，以桩尖支撑作用和桩体对桩周土的限制来抑制土体液化变形，安全可靠。

该成果主要研究在有高浓度 SO_4^{2-} 及 Cl^- 共同作用的强腐蚀环境地区，不宜采用传统做法（高抗硫酸盐水泥与阻锈剂）配制的 C25 混凝土，而采用该项目研制的 C40 耐腐蚀混凝土（普通硅酸盐 42.5 水泥、复掺粉煤灰与磨细矿渣粉、低水胶比），不但强度能满足要求，而且耐久性能也较理想。其配合比设计参数见表 3－13。

表 3－13　　　　　　　　　　参考配合比设计参数

混凝土强度等级	用水量（千克/立方米）	水胶比	掺合料掺量（%）	外加剂（千克/立方米）	混凝土材料用量（千克/立方米）				
					水泥	粉煤灰	矿渣	砂	石
C40	160	0.33	50	14.52	242	97	145	718	1078
	158	0.33	50	14.16	236	94	142	723	1085

3. 机械化施工的应用

本工程根据勘测成果，综合考虑塔位交通和地质条件、地方协调能力和经济性等因素，基础因地制宜全面采用机械化施工。其中，平原地区的大开挖基础采用反铲挖掘机，灌注桩基础采用钻（冲、挖）钻机，大大减少了人工，提高了施工效率；山地丘陵地区的挖孔类基础（包括掏挖基础、挖孔基础），在少部分地形平缓、交通便捷的塔位，采用旋挖钻机或机械洛阳铲施工。

六、环保水保专项设计创新

为进一步提升特高压直流输电线路工程依法合规建设水平，全面落实环境保护、水土保持措施与主体工程同时设计、同时施工、同时投产的"三同时"制度，实现"环境友好"的工程建设目标并顺利通过国家有关部门专项验收，编制了《环保、水保措施专项设计》，结合工程环评水保报告及批复要求提出了详细的措施与要求，并纳入施工承包范围，督促相关单位在工程实施中严格落实设计要求，确保工程建成后顺利通过环保和水保验收。

七、变电站设计创新

甘肃省电力设计院一直坚持以"质量第一、信誉至上、精心设计、为顾客提供优质的成品和周到的服务"为宗旨，在工程勘测设计过程中，所有人员都严格按照质量管理体系文件认真履行各自职责。

八、技术创新

从工程可研设计开始，相关设计人员采取了多方面的调研、收资、优化设计方案，在整个设计过程中抓住技术论证、科研项目立项及各个技术细节，结合张掖 750 千伏变电站工程特点，通过落实方案细节，对施工图进行详细的策划、优化。具体设计创新特点主要体现在以下几个方面：

（1）对变电站平面进行优化，节约占地。在《国家电网公司输变电工程通用设计（2017 年版）》750－B－1 方案的基础上进行电气总平面布置，对国家电网公司 750 千伏变电站通用设计 C－1 方案中 750 千伏继电器室及 330 千伏继电器室布置进行调整和优化。将通用设计中 750 千伏配电装置每 3 串建一个继电器小室优化为每 4 串建一个继电器小室，最终建设 2 座 750 千伏继电器室。将原方案中 2 座 330 千伏继电器室优化合并成 1 座继电器室。总计减少继电器小室 2 座，此项优化减少占地 1839 平方米。

根据通用设计，本站 750 千伏间隔宽度推荐值为 43.5 米，330 千伏间隔宽度推荐值为 21 米。经过计算，将本工程 750 千伏间隔宽度优化为 41 米，330 千伏间隔宽度优化为 20 米，分别减少占地 3700 平方米和 954 平方米。750 千伏间隔优化布置图如图 3-8 所示。

图 3-8　750 千伏间隔优化布置图

优化后，方案节约了占地，减少了土方。330 千伏进出线最大化采用双层出线，进出线顺畅，与线路规划走廊衔接合理，布置清晰紧凑、层次分明，工艺流程顺畅，功能分区明确，各配电装置协调配合好，各级电压配电装置未堵死扩建的可能，运行与维护方便，占地少。

（2）750 千伏配电装置采用管型母线。作为风电集中上网并与特高压直流输电联络的枢纽变电站，张掖变电站母线穿越功率将会很大，系统计算的母线穿越功率达到 8000 兆瓦，母线额定电流 6483 安（功率因数按照 0.95 计算），选用通常的 2×(JLHN58K-1600)铝钢扩径空心绞线和 4×(JGQNRLH55X2K-700)铝管支撑型耐热扩径母线达不到通流要求。考虑选用更大截面积的 4 分裂导线或者管型母线，经过综合分析比较，设计采用倾斜悬吊管型母线，可以提高导线表面起晕电压，降低母线噪声，减小构架受力，从而降低母线构架用钢量。

本工程 750 千伏配电装置设计采用铝合金管型母线，与软导线相比，用钢量低，施工难度小，所以产生的工程费用小。母线构架受力较通常设计构架受力下降，加上采用悬吊管型母线后还可以压缩相间距离，可以进一步降低构架用钢量。

大跨度管型母线如图 3-9 所示。

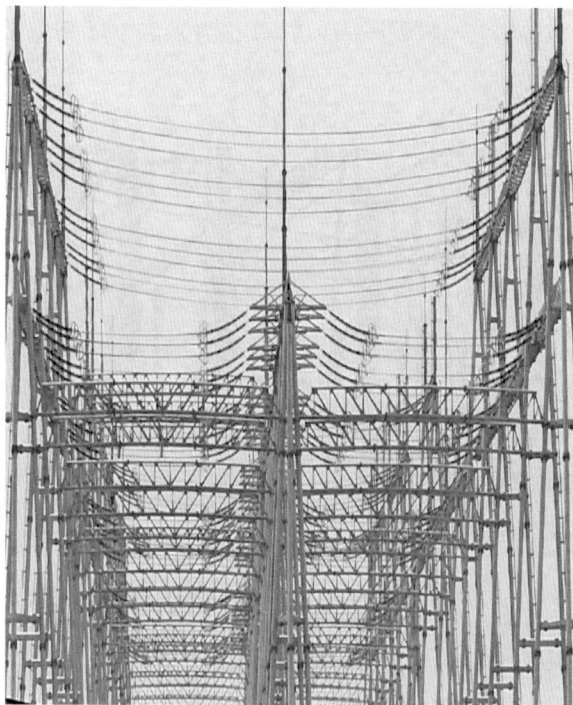

图 3-9　大跨度管型母线

（3）大范围采用压力注浆技术降低接地电阻。张掖 750 千伏变电站站址处于戈壁荒滩，地层结构主要为碎石、角砾，空隙为粗砾砂填充，地下水埋深在 150 米以上，土壤电阻率在 1000 欧·米以上。接地降阻设计难度非常大。

本工程针对性地采用变电站压力注浆深井接地技术，共设置 30 米接地井 16 口，并注入 Hi-c CPC 导电剂。该技术成功将变电站接地电阻降至 0.4 欧，成效显著。该技术以往都是应用在中小型工程中，在甘肃电网首次应用在大型变电工程，为后续类似条件的工程提供了很好的示范和借鉴。

（4）采用三维设计。本工程全面采用三维设计，三维建模完成后，自动生成各间隔断面，并自动完成设备材料统计，生成材料表，大大提高了设计效率。同时利用三维设计软件进行碰撞及距离校验，避免了设计失误的发生。变电站三维设计如图 3-10 所示。

（5）绿色照明设计。张掖 750 千伏变电站照明设施均采用绿色节能型照明设备，部分灯具还采用风光互补型节能设备。变电站配电装置区照明全部采用 LED 光源的投光灯和泛光灯，与常规灯具相比，在达到同样照度条件下，节能 45%～50%。

图 3-10 变电站三维设计

设备室内照明采用户内软包灯带，内部配 LED 灯带作为光源，其中部分灯带分配给事故照明。正常照明与事故照明形成一个整体，外观美观规整。室内其他灯具也全部采用 LED 光源。

站前区照明采用风光互补型节能灯具，白天采用风机及光伏发电储能，用于夜间照明，节能环保。

（6）结合现场地形采取有效防洪措施，经济合理解决变电站防排洪问题。站址处在龙首山洪积扇上，距北侧龙首山山脚直线距离约 6.5 千米，站址区域历史上曾受到过龙首山坡面侵蚀汇流长期冲刷、切割、沉积、再冲刷的演变过程。坡面汇流趋势是靠近山前的洪积扇地带，汇水集中，冲沟深而窄，冲沟断面明显，摆动性较小，冲沟基本固定，到中下游地带（站址位置）冲刷相对减弱，冲沟逐渐扩展，沟道变浅，大冲沟可能演变成了多条细小辫状冲沟，使得原来完整的戈壁滩被切割成了条带状，而且有的小冲沟发源点出现在洪积扇戈壁滩的中上部位，以上辫状冲沟具有变迁性，稳定性相对较差。站区百年一遇洪峰流量按 237.62 米/秒考虑，采取的防排洪措施为将站址北侧（农场便道以南）的冲沟改道至站址东侧后与原冲沟相衔接。改道后的冲沟采用明渠型式，并以浆砌石砌护，改道长度 1.1 千米，渠宽约 70 米、渠深 1 米，边坡比为 1:2，为宽浅式。由于改道排洪沟占地较宽，根据边坡尺寸，排洪沟上口宽约 76 米。在冲沟改道的基础上，还需在站址北面修筑浆砌石挡墙 1.0 千米，挡墙上顶宽 1 米、下底宽 3 米、高 1 米，将沿道路的洪水导入另外一个冲沟中，可大幅度提高站址的安全性。

（7）根据站址场地自然坡度大的特点，合理确定竖向布置方案。站址场地地形北高南低，站区地形起伏较大，大中型冲沟发育，海拔 1679.0～1604.0 米，东北—西南向（与大中型冲沟走向一致）自然坡度最大，约为 51.0‰，东西方向（沿路方向）自然坡度约为 42.5‰，南北方向（垂直路方向）自然坡度为 29‰～32‰，地表无树木、杂草，站址场地混有块石，需弃除，站区范围内场地高差约为 32 米。

根据以上地形特点，结合变电站的布置要求，本工程竖向布置采用台阶式布置方案，即 750 千伏配电区与主变压器及 66 千伏配电区、330 千伏配电区为两级台阶式布置，两台阶之间高差为 3 米，且每个台阶采用由北向南倾斜的平坡式布置，竖向设计排水坡向与地形一致，即南北向设计地面坡度为 1.0‰，东西向为零坡度。场地雨水散排至站外。台阶处消防道路、高压并联电抗器运输道路坡度按 8%设计，并且路面采用防滑路面，有效减少了站区土方工程量。

（8）首次在 750 千伏变电站工程中采用装配式钢结构，采用新材料 LSP 板内嵌式龙骨装配式墙体。站区建筑物采用装配式钢结构，实现了主要建筑结构构件工厂化加工及机械化施工，提高了施工效率。

其墙体采用 LSP 板内嵌轻钢龙骨装配式墙体，外贴硅酸盐盖板，最外侧喷仿石漆。LSP 水平自锁拼装板是以轻集料微孔混凝土无机材料为基材，以岩棉保温板、阻燃型聚苯板等为填充芯材，基材四面包裹芯材，阻断芯材与空气的接触，通过整体无间隙复合而制成的轻质墙体材料制品，并采用耐碱玻璃纤维网格布增强，四边均设有拼装连接榫头或榫槽。LSP 板具有质量轻、保温隔声、四边榫接少黏结剂干拼施工方便、防火性能好、无安全隐患、与建筑物同寿命等优质特性。岩棉保温板具有质量轻、导热系数非常小、弹性好且不易燃烧、不易腐烂、化学性质稳定、隔声效果好等优质特性。

（9）构架上地线柱、避雷针采用消能减震技术提高结构稳定性。变电站 750 千伏构架地线柱柱顶设置阻尼器，柱身设置扰流板，避免涡激共振现象。

（10）为增强变电站整体外观效果，且充分考虑当地的气候特点，主控通信室在通用设计方案的基础上，将原有主入口由东侧调整到北侧居中位置，并增加了一个具有防风沙功能的门斗、门厅，达到了整体美观大方的效果，体现了上乘的质量品质和水平，提高了建筑关注度和整体观感。主控通信室外立面设计采用以"汉唐意向"为理念的仿古设计方案。具体采用"屋檐出挑、立面切割、连续贯通"等设计语言，体现建筑物古朴醇厚、端庄大气、简约现代的设计风格。针对当地气候条件差、建筑外墙面极易被污染的特点，本工程建筑物外墙采用硅酸盐板（外喷仿石漆）贴面，硅酸盐板外喷仿石漆工艺可在工厂一次加工成型，其具有表面光滑不易被污染、色泽均匀、无色差的优点，有效提高了建筑物外立面使用的耐久性及观感效果。室内设计中，门厅、走廊的设计遵循简约、大气的原则，卫生间内装修执行"三同缝、六对齐、一中心"的原则。变电站主控通信室如图3-11所示。

图3-11　变电站主控通信室

（11）挡土墙表面采用软瓷外墙面砖（天然无机土壤衍生的新型环保材料）贴面，局部采用仿石浮雕装饰图案，提高了变电站整体观感质量和耐久性，如图3-12所示。

图3-12　挡土墙软瓷外墙面砖效果图

（12）建筑物屋面防水采用 TPO 新型防水材料，该材料具有超长耐老化性能和树脂类材料的可焊接性能。实现新材料应用的同时提高了屋面的防水性和耐久性，解决了屋面渗漏的质量通病。同时，该新型材料的颜色可按照变电站的统一色调定制，更好地展现变电站特色。

第四章

党建引领工程建设

第一节 前 期 策 划

一、开展党建背景

　　河西走廊 750 千伏第三回线加强工程是国家电网公司落实与甘肃省政府签署的《加快幸福美好新甘肃建设战略合作框架协议》的重要项目，2019 年被列为甘肃省重大项目及国家电网公司重点工程。根据《国家电网有限公司关于全面加强党建引领电网工程建设工作的意见》，以及国网甘肃省电力公司发布的《"党建＋六大工程"全面推进"旗帜引领·变革争先"专项行动工作方案》，依托河西走廊 750 千伏第三回线加强工程，发挥党建在一线工程建设中的引领力量，强化工程临时党支部战斗堡垒作用，拓展基建管理工作思路，探索创新"党建＋基建"管理模式，动员激励广大党员干部担当作为，创先争优，把党的政治优势和组织优势转化为推动电网建设的强大动力。

二、工作目标及思路

　　1. 工作目标

　　建立和规范工程临时党支部运作模式，探索一种创新工程现场"党建＋基建"管理模式，依托河西走廊 750 千伏第三回线加强工程，实现党建引领基建，形成一套成熟的超常规工程建设管理及创优管理经验，提升工程建设管理水平。

　　2. 工作思路

　　（1）依托河西走廊 750 千伏第三回线加强工程，针对工程参建单位多、建设协调涉及面广、管控难度大等特点，在工程合同约束管理的基础上，探索创新工程现场党建工作模式，利用党建力量进一步凝聚和团结工程全体参建单位及党员，推动工程建设顺利实施。

（2）组织开展"绿色＋红色＋金色"主题活动。"绿色"即从选用环保材料、落实"三节约"要求、注重环境保护等角度入手，全力打造绿色环保标杆工程；"红色"即依托河西走廊红色教育基地，组织开展"重走长征路、探访红色基地"活动，进一步提升全体党员思想觉悟，发扬艰苦奋斗的优良传统；"金色"即弘扬工匠精神，发挥劳模作用。

（3）充分发挥现场临时党支部的战斗堡垒作用和党员服务队的先锋带头作用，在攻克急难险重问题上起到关键支撑作用；积极践行党的宗旨意识，开展扶贫助困活动，切实架起党群连心桥，营造良好的工程建设环境，树立良好的企业形象；创新拓展思路，工程临时党支部与地市供电公司党支部开展"党建＋基建"的联建共建，增进与属地公司的沟通互动，合力为工程建设扫清外部障碍。

三、创新方法与保障措施

1. 创新方法

（1）党建标准化建设。通过深入推进、持续努力，河西走廊 750 千伏第三回线加强工程党建服务中心平台以"党建＋基建"为核心，为现场提供党务、公务、事务、医务、法务等多元服务，成为员工身边的"解忧杂货铺"。河西走廊 750 千伏第三回线加强工程党建服务中心工作在工程建设过程全面铺开、有效落实，党支部自身建设持续加强，党建工作对各项工作的主导引领地位进一步强化，发挥了临时党支部的战斗堡垒作用、党员的先锋模范作用、"党建＋基建"建设对工程的推动作用。

（2）"党建＋基建"网格化管理。创新实践党员责任区与基建网格化管理一体化，将党员责任区与现场基建管理结合，分区域模块化管理，落实党员示范岗"一岗双责"责任，在现场管理中践行"三亮三比"等主题活动。如图 4-1 所示。

（3）加强统战团青工作，凝聚基建管理强大合力。开展"爱企业、献良策、做贡献"活动，为服务工程参建人员创新发展创造条件。开展"旗帜领航程、共筑同心圆"统战主题活动，营造和谐团结的浓厚氛围。实施员工职业素质提升工程，积极引导青年员工参与"青创赛"等各项竞赛。

（4）开展廉洁风险管控协同监督。严格执行规章制度，层层压实人员责任，通过加强培训教育和考核考评，提高管理人员责任意识和能力水平。健全完善管理制度，梳理项目部人员权力责任清单，建立健全评价考核机制，促进关键人员切实履责，提高工作成效，实现问题的标本兼治。

图4-1 党员在现场

（5）劳动竞赛。本次竞赛活动以"六比一创"为主题，即开展比安全管理、比工程质量、比工程进度、比技术创新、比文明施工、比科学管理、创建精品工程，以"比"推建设，以"赛"促管理，为实现工程达标创优目标，弘扬"精益求精、追求卓越"的工匠精神，推出一批"五一劳动奖章""工人先锋号""技能岗位能手"等先进单位和个人，搭建展示风采的舞台。

2. 保障措施

（1）提高思想认识。工程临时党支部积极适应全面从严治党新常态，强化抓党建的主体责任，深刻认识河西走廊750千伏第三回线加强工程党建服务中心平台及"党建＋基建"管理创新理念的丰富内涵和重大意义，切实增强树立"党建＋基建"管理创新理念、推行河西走廊750千伏第三回线加强工程党建服务中心模式的思想自觉和行动自觉，跳出党建抓党建、工程抓工程，融入工程抓党建、创新理念抓党建，努力将党建优势转化为工程管理优势，将党建资源转化为工程管理资源，将党建成果转化为工程管理成果。

（2）加强自身建设。把加强基层党组织建设作为河西走廊750千伏第三回线加强工程党建服务中心的基础工程来抓，深入推进"连心、强基、模范"三大工程，在加强基层服务型党组织建设上持续用劲，抓实党建工作，服务工程建设。

（3）强化督促检查。健全督促检查、推动落实的工作机制，加大督促检查和跟踪落实力度，切实推动各项工作任务落地。建立河西走廊 750 千伏第三回线加强工程党建服务中心工作台账，实现信息化动态管理。

第二节　过　程　实　施

一、强化支部标准化建设

支部完成"三本六盒一证"档案资料的建立，与省公司层面签订了党建工作责任书。按照"三亮三比"活动要求，及时调整更新公示栏活动内容。做实临时党支部战斗堡垒作用。结合工程现场实际，临时党支部开展党建标准化建设，建立"党员责任区""党员示范岗"，结合工程现场建设需求，广泛开展"三亮三比"活动，促进队伍建设。开展党建"三方联动"，推进工程建设。支部与国网张掖供电公司建设部党支部、国网甘州区供电公司党委联合开展"党建＋基建安全知识竞赛"。做实支部建在项目上，以党建为抓手，促进各方齐心协力建项目，完成现场临时党支部标准化建设。规范"一室一栏一群"，不断夯实支部基础工作，各施工单位完成成立临时党支部、党小组建设；完成签署党建工作责任书，完善现场临时党支部责任体系。临时党支部党员常驻现场，落实"一岗双责"责任。

二、开展各类"党建＋基建"活动

工程建设期间，临时党支部开展"党旗下的工匠们"照片评选活动。开展廉政建设，加强党员廉洁自律。落实中央八项规定，签署廉洁承诺，执行"四防六廉五清单"，组织观看影片，发送节前提醒短信，营造廉洁氛围。全线施工单位开展"六比一创"劳动竞赛活动，弘扬工匠精神；清明节期间，组织临时党支部成员开展"长征精神电力传承"清明祭英烈活动（见图 4-2），参观高台西路军红色基地纪念馆。临时党支部党员服务队开展"国际档案日"系列宣传活动。签订廉洁责任书，严防"四风"反弹，进一步加强党风廉政建设，确保党员干部节俭文明，廉洁过节。

图4-2 "长征精神电力传承"清明祭英烈活动

三、高质量开展各类主题教育

临时党支部开展"守正创新、担当作为、奋勇争先、创造一流"主题党日活动、"不忘初心、牢记使命"主题活动、临时党支部书记讲"守初心 担使命 找差距 抓落实"主题党课、"旗帜领航、共筑同心圆"统战主题活动（见图4-3）、"守正创新·担当作为"青年思想大讨论等10余项系列活动，坚守初心，勇担使命，砥砺前行，更加自觉地为新时代使命奋斗，确保工程建设在党员先锋队的带领下迈上新台阶。

图4-3 "旗帜领航、共筑同心圆"统战主题活动

活动聚焦思想同心、目标同向、行动同步，凝聚人心，汇聚力量，团结和凝聚公司系统广大统战成员，守正创新，担当作为。充分发挥党内党外青年员工的专业特长，在工程管理中创造条件、提供支持。开展"爱企业、献良策、做贡献"活动，持续深化党外代表人士建言献策途径创建工作，广泛开展建言献策征集活动，为现场管理添思路、出方案、增动力。

四、开展党员服务队工作

开展党建联动建设，协调解决工程站外临时电源扩容问题；开展党建＋鲁班奖工艺检查，党员牵头开展实测实量，检查现场实体工艺水平；党员服务队指导完成张掖 750 千伏变电站工程站外临时电源扩容安装，推进"旗帜引领·变革争先"专项行动落地；党员服务队牵头创优保障体系，策划先行，融入河西特色文化；践行"党建＋基建"，党员责任区人员到岗到位，党员服务队旁站构架吊装，起到了模范带头作用。党员服务队在行动如图 4-4 所示。

图 4-4　党员服务队在行动

结合现场实际，党员服务队对站内场地施工临时用电、移动电源箱、接地、责任牌、用电图纸等方面开展全面、无死角检查，并形成检查记录；开展"党建＋基建"安全、质量、创优、物资、环水保等活动，实践党建引领工程建设。

五、创新党建工作平台，推进创优工作

严格落实国网基建改革 12 项配套措施，首开业主项目部常驻施工现场的先例，在施工现场搭建业主、监理联合办公场所，除办公配置外，还配置了职工活动室、健身室、洗浴室等硬件设施，为一线人员提供舒适温暖的工作环境。现场监理人员与业主人员集中管理、协同办公，有效解决了人员短缺问题，也提升了现场"党建 + 基建"管理效率。

"党员责任区"引领鲁班奖工作，现场精雕细琢，精益求精。全站首次采用清水防火墙，首次采用电缆沟预埋阴螺母，首次采用浮雕及软磁护坡外墙、LSP 板砌筑等工艺，已完成标准工艺应用 108 项。全站 HGIS 设备、主变压器、高压并联电抗器构支架、端子箱等主要基础均采用塑面模板，通过选用刚度较好的 18 毫米规格加厚板，将预埋件允许偏差标准按国家标准 0.8 倍控制。现场实测实量结果显示，埋件平整度及相邻高差均控制在 2 毫米以内。防火墙主体框架采用定型钢模板工艺，柱模采用压制工艺形成四面阳角圆弧倒角，模板采用一体到顶制作安装工艺，分层浇筑、连续作业，一次浇筑到顶成型工艺，整体美观顺直。

六、党员践行"基建网格化"，实行分片包干制

将党员根据标段划分管段经理，形成"一人一段"，有效解决各标段存在问题。业主项目部人员全部驻点现场到岗履职；推广作业层班组标准化建设，统一安排班组驻地，推动施工单位派驻自有施工队伍开展组塔作业，实行组塔作业"单基策划""单基签字放行"。

总结凝练施工现场风险管控要点，规范建立风险作业"一本账"，制定现场"六必查"工作要求，规范现场管理行为，提升现场安全风险管控水平；落实"一人一卡、一点一机"管理要求；建立三级远程视频监控体系，实现远程督查；运用大吨位吊车组立铁塔，有效降低施工风险等级。

七、开展三方联建活动

临时党支部联合国网张掖供电公司、国网甘州区供电公司党支部共同开展"守正创新、担当作为、奋勇争先、创造一流"主题党日活动。通过参观变电站施工现场、举办西路军历史讲座、前往革命烈士陵园开展祭奠先烈等系列活动，学习继承革命烈士的光荣传统，缅怀革命先烈，对电网工程建设者们进行生动形象的中国梦学习教育，培育和践行社会主义核心价值观。

第三节　效　果　成　效

依托工程开展党建活动，实现了党建引领基建，摸索出了一套成熟的"党建＋基建"管理模式，发挥了强有力的推动作用，激发了参建人员的工作热情与工匠精神，建设完成一项廉洁精品工程，是国网甘肃省电力公司第一个临时党建标准化的示范项目。

党建活动创新了活动载体，丰富了活动内容，组织现场全体非党员积极参与活动，增强党支部统战工作活力，提升现场团结凝聚力。进一步动员全体参建者抖擞精神、鼓足干劲，落实好现场的各项措施，确保圆满完成工程建设任务。以清明主题团队日活动为契机，到红色教育基地开展一次联合祭扫、献花和宣誓活动，以实际行动表达对革命先烈的感恩怀念，礼敬先烈先辈，培养了电网建设者的爱国情感与历史使命感。

发挥基建网格化管理与党建责任区职责融合，将现场党员责任与岗位职责融为一体，在构架吊装施工阶段，党员带头开展相关安全质量管理工作，如党员服务队对现场临时用电开展检查，体现了党建工作与基建管理一体化，将党建与基建管理落到实处。通过"安全日"活动，张掖 750 千伏变电站各参建单位有效提高了安全管控及防范意识，确保了张掖 750 千伏变电站现场安全局面可控、能控、在控。党员服务队在现场发挥了模范带头作用，践行了"旗帜领航，变革争先"理念。

党日活动为现场工作增添色彩，为现场管理人员加油打气，三通道管理人员在切实做好自己的本职工作的同时，关心施工现场作业人员，耐心讲解安全规范，避免发生安全事故。以领导组织、党建协同、创新驻点、探索"党建＋基建"、建立创优体系、实行"一岗双责"和"基建网格化"为抓手，面对三通道群体工程面临的压力与外部环境，实践出了一条"党建＋基建"建设管理的道路。

第五章

项 目 管 理

第一节 项 目 管 理 策 划

工程伊始，国网甘肃省电力公司成立了工程建设领导小组，组建了业主项目部，十天内即完成了国家电网公司首个"国投省管"项目的系统搭建。设计中标后三个月内完成初设评审、收口、施工图审查等工作，施工、监理中标后一周内完成开工图审查、交底，实现了2018年内开工目标。

业主项目部管理人员组建现场项目部，驻点现场，关键管理人员到岗到位，做实甲方管理职责，是国网甘肃省电力公司首次全过程全方位履行现场管理职责，并对管理文件、"营改增"财务知识、基建管控信息管理、施工工艺、安全质量管理等进行专题培训。通过培训，使参培人员对工程建设管理有了进一步深入的认识，明确职责分工及核心工作内容，为工程全面开工建设奠定坚实的人力资源及理论技术基础。

业主项目部组织编写《建设管理纲要》《安全管理总体策划》《创优策划》等前期策划文件，根据2018版三个项目部标准化管理手册及《国家电网公司输变电工程安全文明施工标准化工作规定》等有关要求，按照开工必备条件组织开展标准化开工检查。

第二节 进 度 计 划 管 理

工程紧密依靠国家电网公司总部，统筹解决好停电计划、物资供应等问题，多措并举，采取加大投入、分段投运等方式，加快推进工程建设进度。结合省内新能源消纳、外送需求及工程建设实际情况，优化调整施工计划，确定了工程西段（敦煌变电站—莫高变电站）9月投运、东段（白银变电站—河西变电站）

10 月投运、全线 12 月投运的建设目标。统筹考虑可研和核准项目前期条件，以及物资服务招标批次、主设备供货安排、调度停电安排、电网建设外部环境等因素，召开工程专题工作会，完成对施工计划、物资供货计划、图纸交付计划及停电计划的审查，按照确定的计划安排专人进行督办跟踪。定期召开重点工程双周例会和月度协调会，确保管理要求一贯到底、问题及时上传、责任清晰明确，实现一般问题"日清日结"、难点问题限期解决。做好物资招标和履约管理，及时跟踪物资图纸确认和供货情况，成立物资巡查组赴厂家实地检查排产情况，约谈物资供货滞后厂家，难点问题报请国网物资部协调，利用物资周报制度，加强物资保障及时到货，使物资供应满足现场要求。

注重停电协调，有效利用停电窗口，充分考虑文博会、中秋、国庆保电和弃风弃光"双降"指标等，及时向西北网调和国调中心汇报优化调整停电方案（调整停电计划 144 条），满足工期节点要求。

工程将施工进度计划分解量化到月计划、周计划，按要求报送进度信息。根据实施情况，认真分析、对比、调整进度计划，实现施工进度的动态管控。深入分析影响进度的关键问题，针对地方协议、运输条件、气候条件、物资供应、跨越施工及其他施工技术难点制定详细的组织技术措施，提高施工进度的预测预控能力。认真分析各施工阶段的重点、难点，对于影响进度的关键节点作业做好事先策划，优化作业流程和方法，提高施工效率。编制冬季、雨季、汛期等特殊时期和重要工序的专项施工方案。严格监督项目进度实施计划的落实情况，积极采取有效措施控制工程进度。在关键施工阶段按照日进度进行控制与考核，组织监理、施工单位对施工流程进行更精细的优化，工程按照里程碑计划实施。

第三节　建设协调管理

国网甘肃省电力公司主要领导亲力亲为，协调国家电网公司、省政府推动河西走廊 750 千伏第三回线加强工程快速高效落地，国网甘肃省电力公司分管领导多次到现场指导协调解决问题，为工程"务期必成、安全成优"提供了强大的推力。一是组建主要领导为组长的建设领导小组，各参建单位主要领导挂帅，"一把手""一线""第一时间"解决影响工程建设的突出问题；二是对涉及国土、林业、草原、文物等问题统一工作策略，坚持政策底线意识，在工程推进中寻找破局与树立示范，推动省林草局与国网甘肃省电力公司签订战略合作协议；

三是创造无障碍施工条件，国网甘肃省电力公司与各属地公司主要负责人签订了责任书，一把手负责政府沟通，加大通道清理、属地协调力度，"先签后建"工作落实到位。

工程前期，业主项目部积极参与可研阶段的设计评审，开展林勘、文物调查，配合国网甘肃省电力公司办理核准所需相关文件。督促勘察单位开展路径调查，着重对地形地貌、工程地质、水文气象和矿产资源分布、文物设施、军事设施等进行调查，形成调查报告。组织沿线属地公司，完成专项赔偿先签（拆）后建工作，协调成立地方建设领导小组，适时召开地方协调会，开展通道清理的委托工作。项目核准后，积极开展工程开工准备工作，开展初步设计评审，组织物资及非物资招标。建设分公司组建工程创优小组，完成《建管纲要》《创"鲁班奖"策划》等前期文件编制及滚动修订，对监理、设计、施工单位进行交底，要求其按照项目策划文件编制有关规划及实施细则。积极委托第三方环保、水保检测及验收单位，提前对参建单位进行培训及现场指导，为环保、水保措施的有效落实奠定了基础。

工程设计周期紧张，因路径及协议问题（涉及跨越高铁、军用机场、武威天马机场及文物保护等）需暂缓施工桩位共计 303 基，占总量的 21%，影响路径长度约 135 千米，占全线长度的 19%，存在局部改线变更风险。林勘、草原、文物及油气管线手续办理周期长、协调难度大，对于以上突出问题，业主项目部高度重视、提前策划、统筹安排，抓好工作重心。不等不靠，提前谋划，在建设管理纲要的基础上形成完整的管理策划，早排查、早介入，与沿线国土、林业、水利、环保、公安、消防等单位积极沟通，联合沿线的属地供电公司等相关单位协调解决工程阻挡，对八步沙林场赔偿标准多次进行沟通对接，对景泰白墩子烽火台与景泰县文物局进行积极协商，下河清和天马机场协议取得突破性进展，推进工程顺利建设，确保工程按计划有序开工、有序推进，按节点要求顺利投运。

工程伊始，业主项目部组织施工单位广泛排摸、走访，及时发现和搜集各类不安定因素和苗头性、倾向性问题，提前暴露出矛盾，对可能引发矛盾或发生群体性事件的重大不稳定因素，研究制定措施，进行事先疏导、化解，防止矛盾激化和升级。通过这一有效手段，将大量的矛盾纠纷化解在了萌芽状态。

在工程建设中，紧密与当地政府及相关部门联系，依靠政府、主动出击、全力以赴。各标段依托属地供电公司和各级地方政府的大力协助，克服困难，化解矛盾，在解决问题中抓成效，重点突破，加强协调、精准管控，按计划解决历史遗留问题。

第四节　信息与档案管理

　　业主项目部自成立起便组建了项目经理负责、各个项目技术员和项目资料员分管各项工程项目档案的工作组，从工程准备阶段就以高标准、严要求对档案资料进行管理。档案管理小组负责与工程建设同步开展工程档案资料编制工作，负责按照工程档案信息化要求，进行工程过程资料整理，并对项目质量、进度和建设资金使用等文件进行管理。组织参建单位进场的档案管理二次培训，国网甘肃省电力公司和业主项目部多次邀请国网交流建设分公司档案资料专家对本工程档案资料进行集中检查指导工作，并及时对发现的问题和不足形成闭环整改，档案人员以精细严谨的作风实现"早介入、早发现、早整改"，全过程参与工程资料管理，档案管理与项目建设同步开展，分阶段、按专业分别落实责任人，在每次集中检查和整理过程后，对各标段档案的整理情况进行考核打分，明确资料归档时限要求。

一、策划先行、助力档案建设

1. 宣贯档案管理制度，强化要求落实

　　工程前期，业主项目部要求各参建单位参照各类规范标准和《国家电网有限公司电网建设项目档案管理办法》[国网（办/4）571-2018]及国网甘肃省电力公司要求，明确各参建单位档案管理的职责与权限，规范、统一全线工程档案工作标准和要求，使工程档案管理更加精细化、专业化，易于现场技术人员和档案人员具体操作，为工程后续档案移交及达标创优工作奠定基础。

2. 建立档案工作组，强化联络机制

　　按照"统一领导、分级管理、层层负责"的原则，建立河西走廊 750 千伏第三回线加强工程档案管理体系，省公司层面成立工程档案督查工作组，明确档案管理组织机构，各项目部设置档案专责岗位，专人负责档案管理工作。建立档案工作微信群，将各参建单位档案管理人员及项目部负责人纳入其中，方便档案问题交流。开展广泛调研，分析存在的相关问题，明确工程图纸的全过程链条管理相关要求，论证了利用区块链技术保存工程图纸各环节信息、实现工程图纸上链管理与展示的可行性；配合相关技术人员，对工程图纸 DWG 和 DWF

格式的生成等应用情况开展调研，通过技术攻关，确定了后续电网建设项目中工程图纸采用"纸质实体＋DWF电子文件"的归档技术要求，从参与的设计院源头提交DWF文件以节省大量的数字化费用，首次实现了工程图纸档案矢量化保存与利用。

3. 加强业务培训，夯实档案基本功

业主项目部组织参建单位开展档案管理二次培训，编制《档案资料过程管控实施方案》，督导档案人员以精细严谨的作风实现"早介入、早发现、早整改"，全过程参与工程资料管理，档案管理与项目建设同步开展，分阶段、按专业分别落实责任人。督促各项目部对资料员、技术员等档案形成人员开展再培训，使项目部档案人员清楚了解各项资料工作进度，做到精细化、系统化管理。设计方驻场秉持"谁形成、谁整理""一源录入、多端共享"原则，作为施工图、设计变更、竣工图整理移交第一责任人，同时也是工程图DWF矢量化第一责任人，对设计、竣工档案的系统、齐全、完整、规范负全责，依规签署移交"矢量图与竣工图内容一致性承诺书"和竣工档案移交清册。

二、过程严控、抓实细节管控

1. 落实档案考评机制，强化责任落实

业主项目部督促各项目部在每个分部工程结束前，对该阶段的过程资料进行归纳、整理，组织各项目部档案专责每月对各项目部形成的档案质量进行考核、评定，并及时将结果反馈至档案管理组，对检查发现的问题及时作出整改，月度工作例会上通报各项目部本月档案完成情况，通报考核评定等级。

2. 突出管理重点，严把档案形成关口

（1）施工资料形成关。施工单位负责归档、立卷的工程档案内容多，在整个工程档案中占比大。为避免施工档案中经常出现的质量保证文件资料不完整、复印件多且模糊不清、变更通知单与竣工图不符等问题，严格要求施工单位实行工程资料与工程进度"三同步"，建立设备、原材料等管理台账，及时收集设备、水泥、钢材等出厂证明及试验报告单，对进货、发放的品种、数量、规格型号、生产厂、日期、试验报告单编号进行整理。从竣工文件的形成、积累、整理到组卷移交的全过程进行监督把关、签字认可。

（2）监理技术审核关。充分发挥监理专监的作用，明确监理项目部除做好自身的档案工作外，还应对施工项目部的归档资料的质量进行监督管理。采取监理、质检双重负责制，督导监理工程师在工程施工过程中对工程资料文件，包

括隐蔽工程记录、检查签证、施工记录等进行现场审核，同时监理在每个分部、分项工程结束后，要有抽检记录，工程结束后要有最终验评报告，督促监理和施工必须实行闭环管理，确保归档文件的齐全、完整、真实、准确。

（3）档案阶段审查关。坚持工程档案管理与工程建设同步，在各分项工程验收后立即进行项目工程档案检查验收，并邀请国网交流建设分公司档案专家进行会诊，对存在的问题及疑问开展研讨，明确档案形成要求，使档案人员对项目档案形成清晰明了、无盲区。对不符合归档要求的文件资料，及时指出，限期整改。

（4）清赔资料及时关。河西走廊 750 千伏第三回线加强工程涉及 5 家属地供电公司，通道清理任务重、资料多，办理难度大。业主项目部高度重视清赔资料的收集与整理，多次组织属地公司有关负责人参加档案培训，确保工程档案要求贯彻到位。工程建设过程中，通过召开月度协调会、专项推进会，及时协调跟进属地公司清赔工作与档案资料整理情况。档案归档过程中对属地资料按照手册模板要求严格把关，对不符合要求或移交不及时的单位，通过督办单等管控手段及时协调，确保属地赔偿资料的完整规范。

（5）工程竣工验收关。竣工验收把关是保证档案完整、准确、系统的关键环节。根据工程分阶段验收的进度，在施工现场组织各施工单位进行竣工档案资料的集中整理、互检互查及初步验收工作。验收重点包括：《施工现场资料整理手册》要求的执行到位情况；施工承包商归档的资料分类、立卷、装订是否符合要求；设备出厂技术资料（设备出厂合格证、商检记录、装箱单、开箱记录、工具单、备品备件单、设备说明书图纸、维护手册等）是否收集齐全、完整，分类组卷是否符合规定要求等。通过档案竣工验收，初步具备档案移交条件。

三、总结经验、固化档案成果

业主项目部组织开展档案典型经验梳理,对工程档案形成过程中易出现的问题进行总结，并依托工程档案开展科技进步奖、管理创新等成果申报，固化档案成果，为后续工程建设档案提供宝贵经验。

通过工程矢量馆大数据创新平台的试点应用,确保工程档案全生命周期管理应用，依托研究如何利用区块链技术保证矢量图在设计、校准、审核、批准等过程中形成图纸信息的真实性，核实设计单位、设计者、出图日期、项目名称、册数、页号、版本等信息，以及如何利用区块链技术的不可篡改性、数据可完整追溯性和开放性的特性，保证各单位在审查、移交和共享等场景档案数据的完整和安全。通过打造"纵向组织延伸、横向单位协同"的组织体系，以及"点线面"不同授权的利用体系，实现工程图纸档案智慧全宗链管理。

工程自开工建设以来，参建各方高度重视档案管理工作，档案资料与工程建设实体同时同步。形成线路工程档案 1118 卷、变电工程档案 759 卷，共计 1877 卷，申请甘肃省档案局开展工程档案专项验收。专家组认为，河西走廊 750 千伏第三回线加强工程项目档案符合国家和行业标准，能够反映工程特征和实际情况，同意通过档案专项验收。

第六章

安 全 管 理

第一节　健全体系，落实责任

1. 建立健全工程安全管理体系

开工前明确工程参建单位各级安全生产责任主体的安全生产职责，共同做好该工程的安全生产管理工作，按照工程实际，国网甘肃省电力公司成立了以主管副总经理为主任，业主项目经理、施工项目经理、监理总监、设计设总及各项目部主要负责人为成员的项目安全生产委员会，明确安全管理的四个保证，即组织机构保证、安全制度规章保证、安全思想保证、经济体系保证。项目安全管理从四个保证入手，强化管理。

2. 加强安全管理组织投入

业主项目部配置专职安全管理人员 3 人，各监理项目部配置不少于 1 名的安全监理师（间隔扩建配备专职安全监理师），各施工项目部配置不少于 2 名的专职安全管理人员，满足现场安全管控需要。业主项目部严格审查，对监理、施工项目部不符合资质、业绩要求的 4 名安全管理人员及时进行更换，从组织上有力保证现场管控举措落到实地。

3. 发挥安全保证体系作用

安全生产委员会按照规定每季度召开专题会议，开展形式多样的安全检查，先后组织 18 次安全大检查活动，在基础、组塔、架线三个阶段进行安全竞赛，奖优罚劣，营造了良好安全施工氛围。督导各参建单位管控体系正确履职，实现 456 天建设周期安全生产无事故，为工程建设目标实现奠定了坚实基础。

4. 抓住施工关键作业点监督管理

针对跨越高速公路、电力线路、电气化铁路等高风险作业，开展专项安全督查，参建施工、监理单位派专人监督指导，现场监督检查四级风险共计57项，做到现场监督管理到位、安全措施执行到位。

第二节　深化落实十二项配套措施

1. 严格落实十二项配套措施，落实参建单位主体责任

工程建设期间正值"深化基建队伍改革，强化施工安全管理"十二项配套政策全面深化推行之际，业主项目部深刻领会国家电网公司治理施工安全的决心，全面做实甲方现场项目管理和施工单位现场安全管控两级管理，强调安全是工程建设的一切前提及出发点，抓住关键作业点、关键作业人员这两个关键因素，提前梳理高风险作业，实行看板管理，明确责任单位、责任人，做好关键作业点、关键作业人员的控制，保证施工作业安全，落实施工单位的主体安全责任。该工程是国网甘肃省电力公司第一个十二项配套措施落地的工程。十二项配套措施如图6-1所示。

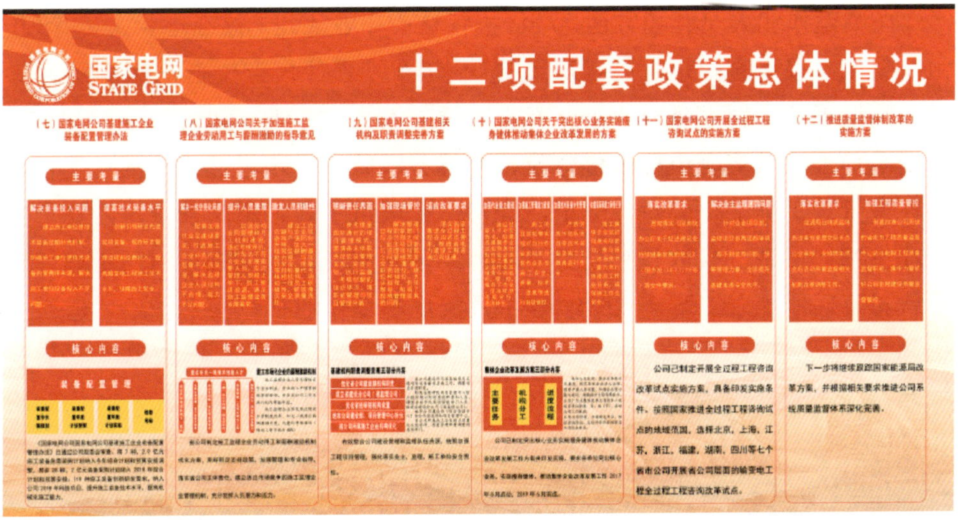

图6-1　十二项配套措施

2. 深入理解配套措施内涵，做好配套措施执行

建设单位建设期间组织十二项配套措施政策应知应会考试14次，制作相关展板及宣传画册，通过多种形式，深刻理解配套措施内涵，积极推进措施深入执行，实现从思想上认可到行动上自觉执行的转变。工程参建单位在十二项配套管理措施验收上取得了较好成绩，2 人次取得考核满分成绩。

3. 优化整合人员配置，加强甲方项目管理

国网甘肃建设分公司抽调精兵强将组建业主项目部，统一按照配套政策要求，通过整合业主、监理管理力量，甲方现场安全管控人员达到 121 人，解决了现场安全管控力量不足问题。依托省公司安全质量专家库资源，通过专项巡视、督查方式做实甲方现场项目管理，建设期间共投入专家 92 人次参与工程安全监督检查，对项目安全管理给予了技术支撑。

4. 总结管控要点，提升安全监督效率

建设管理单位结合工程建设实际，提炼总结安全管控要点，编制《工程项目安全管理"六必查"》《建设公司加强现场安全质量管理措施 20 条》2 个细则文件，在现场检查中全面应用，有效保证基础爆破、临近带电设备组塔、跨越带电线路、电气化铁路、高速公路架线等关键作业安全措施落实，提高了监督检查效率，取得了良好效果。

5. 加强关键人员队伍管理

在关键作业人员管控方面，严格执行核心作业班组、核心作业人员管理，组塔架线阶段审查组塔、架线班组共计 87 个，累计核查核心分包人员 2369 人，清退不符合要求班组 4 个、不合格分包人员 127 人。从组织投入方面保障安全施工。落实班组标准化建设，开展分包队伍、班组驻地标准化建设，共计检查施工标准化驻点 36 个，改善作业班组生活、生产条件，为安全生产提供物质保证。采取视频监督平台辅助现场安全作业管控，河西走廊 750 千伏第三回线加强工程于 2019 年 3 月实现现场作业视频接入管理，建立了国家电网公司、省公司、施工现场三级平台监控，变电土建、电气安装及线路基础、组塔、架线关键环节作业视频监控实现全覆盖，有效规范现场作业。

第三节　提前策划，压降风险

1. 严把施工方案审查关

建设管理单位高度重视工程方案管理，对达到一定规模的危险性较大作业，要求施工单位编制专项施工方案，积极依托交流公司、省公司技术支撑平

台，对基础爆破施工方案，吊车组塔施工方案，山地抱杆施工方案，跨越高速公路、电气化铁路、电力线路施工方案，变电站临近带电设备吊装方案等专项施工方案，分阶段开展专家论证评审工作，建设期间共计组织专家审查专项方案 69 个，确保方案安全技术措施具备操作性、针对性，为施工安全提供技术保证。

2. 协调停电配合，降低施工作业风险

建设管理单位提前梳理工程建设高风险作业，工程全线钻越±800 千伏、±1100 千伏电力线路 5 次，跨越 750 千伏线路 2 次、330 千伏线路 31 次、110 千伏及以下线路 345 次，跨越高铁及电气化铁路 13 次，跨越高速公路 8 次、一般公路 82 次；工程涉及 5 座 750 千伏运行变电站的改扩建施工。工程施工难度大，施工风险众多。根据梳理情况，建设管理单位利用建设协调机制，建设分公司协同设备、调控、运行等单位，优化停电计划，330 千伏及以上线路均实现全停电跨越，110 千伏及以下线路尽量采用全停电方式进行跨越，750 千伏母线及主变压器配合施工停电 19 次，与施工进度实现了无缝衔接，工程四级风险降低至 57 项，最大限度保证了施工作业安全。

3. 提高施工机械化应用率，降低施工风险

线路分部工程施工前组织机械化应用策划，按照现场地质及交通条件，基础及组塔阶段大力推行机械化施工。全线平地基础施工实现机械化施工，挖孔基础使用旋挖机，板式基础使用挖掘机，全线基础机械化施工应用率达到 91%；平地及平缓丘陵全部采用大吨位吊车实现流水化作业，组塔机械化应用率达到 93%；应用机械化施工方法线路基础施工人员与常规相比减少80%，组塔作业人员减少 50%，大部分深基础作业、组塔高空作业等高风险作业由机械完成，同时，优化组塔作业层班组关键人员配置，地面组装塔片技术员、质检员到岗，吊装塔身作业层班组长、安全员到岗，吊装塔头作业层班组长、安全员、技术员到岗，吊车流动性作业及其操作、指挥人员纳入班组统一管理，切实落实基建十二项配套政策要求，践行"机械化换人、机械化减人"理念，降低施工作业风险，提高施工效率。各线路标段基础、组塔作业施工周期均控制在 3 个月以内，取得了良好成效。吊车开展铁塔吊装如图 6-2所示。

图 6-2　吊车开展铁塔吊装

第四节　多措并举，严控风险

1. 实行"一本账"风险作业管理

开工前，组织各参建单位对现场安全风险进行踏勘并进行评估，重点编写风险管控要点，规范建立高风险作业"一本账"。"三跨"、近电、基础爆破、近电作业等风险作业，实行周汇报、日提醒和现场督查机制，每日三级及以上风险作业准确填报，无瞒报和漏报，风险作业计划得到刚性执行。严格风险预警发布，强化重要风险作业管控。将人身伤亡风险作为风险预警管控的重中之重，坚持"先降后控"，57 项四级风险、19 项重要三级风险作业，实现风险作业实时管控，全过程管理。夜间跨越施工如图 6-3 所示。

图 6-3　夜间跨越施工

2. 以"六必查"保障到岗履职效果

建设管理单位刚性执行风险作业主要管理人员到岗履职要求,对现场风险作业实行分级管控,制订了现场管控"六必查"工作要求,即必查三个项目部关键人员到位及核心分包人员入场情况、必查施工作业票执行情况、必查施工方案编制及执行情况、必查现场安全文明施工设施配置情况、必查特种作业人员证件有效性情况、必查入场施工机械、工器具管理情况。加强现场安全质量管理二十条措施,从人、机、料、法、环五个方面总结了管控要点,提高了现场履职管控成效。

3. 严格落实"一人一卡、一点一机"管理要求

深入执行劳务分包人员动态监管,建立人员信息卡、体检卡、社会保险等台账,通过管理人员现场跟班监督、指纹打卡等措施,加强现场关键人员的实时管理。

4. 利用视频管理平台辅助风险作业管控

建设分公司按照工程建设管理要求,2019年3月在工程现场设置分视频监控中心,这是国网甘肃省电力公司首次将全线作业现场接入视频管控平台,实现了国家电网公司、省公司、现场三级视频管控。现场分监控中心设置在张掖750千伏变电站,实现变电土建、电气安装及线路基础、组塔、架线、基础爆破等高风险作业远程督查全覆盖,有效规范了现场人员作业行为,助力安全措施落实。

第五节　规范管理,落实安全问责机制

1. 严格安全培训、交底制度执行

工程建设严格队伍进场管理,审查人员作业资质,针对作业人员进行培训教育,不合格人员不得进场施工。坚持先交底、培训后施工作业的管理制度,安全培训交底做到分级、全员覆盖,现场作业安全技术措施交底并确认签字方可施工,同一作业执行每日班前、班后制度,保证施工作业安全有序。

2. 加强安全演练,提高应急处置能力

编制《工程项目应急处置方案》,成立应急工作领导小组,各施工标段成立工程现场应急工作组,健全事故处理应急网络,编制防人身、防火、防触

电等各类应急措施。根据工程实际情况，及时开展火灾、触电急救、消防、防汛等应急演练活动，规范项目应急管理工作，共组织现场应急演练 27 次，提高广大施工人员应对风险和防范事故的能力，维护施工人员安全健康和生命安全。

3. 加强安全生产专项整治工作和隐患排查工作

各项目部安全专职人员配置满足现场需求，现场严格落实安全巡视制度，发现安全隐患和安全问题及时处理消除隐患。业主项目部组织开展不同形式的安全检查，包括定期安全检查、季节性安全检查、临时性安全检查、节假日安全检查、专项安全检查等，定期或不定期开展安全隐患自查自纠活动。在组织的各次安全生产检查中，共计下发《整改通知单》57 份，整改率达100%。铁塔吊装如图 6-4 所示。

图 6-4　铁塔吊装

4. 开展多种形式安全教育，深刻吸取事故教训

工程建设过程中通过视频、动画、讲座、讨论等多种形式，深入开展江西"11.24"、江西"5.7"、山东"5.14"、陕西"7.3"等典型事故学习，深刻吸取事故教训，深层次查找管理、制度上的漏洞，结合十二项配套措施推进工程安全管理，杜绝本工程发生类似问题。

5. 执行安全管理规定，落实安全事故问责

严格遵守合同、安全协议，加强参建单位安全责任考核，规范安全管理行为、现场安全作业行为，坚守安全施工底线，不触碰安全红线。按照《国家电网公司安全工作奖惩规定》《国家电网公司安全生产违章积分考核管理办法》，落实安全责任处理"四不放过"（事故原因未查清不放过、责任人未处理不放过、整改措施未落实不放过、有关人员未受到教育不放过）原则。建设分公司对过程中安全责任未落实、违章触碰红线等行为进行问责，对相关单位按规定考核，实现了及时纠偏目标，保障建设过程安全有序。

第七章

争创中国建设工程"鲁班奖"

张掖 750 千伏变电站工程是甘肃省政府与国家电网公司签署的《加快幸福美好新甘肃建设战略合作框架协议》重要项目，是河西走廊 750 千伏第三回线加强工程的重要枢纽。

工程伊始，国网甘肃省电力公司围绕新时代发展理念，以高质量发展为标准，确定了工程争创鲁班奖目标，从工程策划、招投标、创优体系、设计管理、物资管理、过程管控、工艺策划、第三方咨询机构把关、交流公司技术支持等多方面全方位开展争创鲁班奖工作，全体参建人员坚定信念，精心管理、精心设计、精心施工，最终获得了中国建筑工程质量最高荣誉奖项，实现了国网甘肃省电力公司鲁班奖"零"的突破。

第一节　创新管理，优化体系

组建国网甘肃省电力公司争创鲁班奖领导小组及工作体系，协调发策部项目前期、建设部过程管控、物资部设备材料供应、设备运维部验收投运、电科院调试实验、信通部通信工程等多部门全方位协同管控，体现分工协作、目标一致理念。

建立现场实施体系及保障体系，统筹国网甘肃省电力公司基建力量，组建优秀创优团队，充分发挥参建单位质量监督作用，把控现场业主、施工、监理、设计实施过程，通过严密的监督体系及现场实施保障体系，全方位开展争创鲁班奖工作。

国网甘肃省电力公司组织专家联合咨询单位，每月对建设分公司和施工、监理单位工作开展情况进行指导、监督和检查；建设分公司每半月进行检查，按照国家电网公司统一发布的实测实量项目制定本工程检测项目清单，委托第三方开展检测，每月结合工程月度例会组织召开创优专题会议，适时进行信息通报，总结分析创优工作阶段性成果，甘肃送变电公司每周对创优过程进行检查，及时纠偏，确保创鲁班奖目标的实现。

第二节　集思广益，创新思路

国网甘肃省电力公司主管领导亲自带队参观学习先进项目经验，提高认识，组织各参建单位前往江苏等发达省份，赴已获得鲁班奖的变电站开展学习交流，邀请国网江苏省电力有限公司专家对张掖 750 千伏新建变电站开展过程检查指导，借鉴工程建设创鲁班奖的成功经验，发现自身的不足之处，取长补短。

引入第三方开展全过程创优咨询，通过开展培训、策划审查、现场诊断、专项评价，查漏补缺，不断提升现场工艺质量，完善工程资料，聘请国网交流建设分公司专家进行技术支撑，把控关键环节，从技术层面保证工程质量。

创新驻点机制，首创业主监理现场协同办公模式，做实业主项目部管理职责。业主、监理、施工项目部全体参建人员驻点现场，有助于及时开展沟通协调，提高效率。

建立"日清日结"机制，每日组织施工、监理、设计、物资开展现场创优问题梳理协调，及时解决问题，重大问题上报沟通，积极主动开展各项创鲁班奖工作。

建立三方党建联建，甘肃建设分公司与国网张掖供电公司、甘肃送变电公司协同开展党建工作，以党建护航创鲁班奖，协调解决站外电源、运输道路、土地证办理、永久占地办理等问题，保障工程建设依法合规。

第三节　事前策划，统一部署

国网甘肃省电力公司创鲁班奖领导小组开工前组织审查工程创优策划，邀请甘肃省建筑设计专家开展挡土墙石雕、主控室飞天画设计方案的构思，将"一带一路"及甘肃地域文化元素等融入变电站装修设计，体现了变电站独特的建筑风格。

定期召开创鲁班奖会议，集思广益，落实创鲁班奖组织措施、管理措施、技术措施、工艺措施，针对不同阶段的创鲁班奖要求与现场参建各方进行沟通，保证贯彻始终，全员参与，规范有序。

　　业主项目部组织各参建单位落实创鲁班奖策划方案，督促并审查各参建单位编制创优实施细则和工艺亮点策划，组织过程检查、工程达标、创鲁班奖申报，及时总结工程争创鲁班奖过程的经验和不足，收集各项管理资料。

　　甘肃省电力设计院从初步设计、施工图纸质量、设计优化方案、设计变更管理、设计现场服务等方面制定了切实可行的创鲁班奖措施，全过程采用 BIM 设计，实现全过程数字化、智能化管理；优化布置，首次采用全新的 HGIS 甘肃方案，有效节约占地；结合地形地貌，科学改道上游冲沟走向，合理设置鱼嘴型导洪堤，安全可靠；整体设计体现独特的风格，将甘肃地域文化元素融入工业设计，匠心独运。应用装配式建筑，积极采用新材料、新设备，获得中国电力规划设计协会和甘肃省优秀勘察设计一等奖。

　　监理项目部针对工艺控制难点，制定详细的质量控制要点、工作流程、工作方法，明确了监督检查、过程管控、工序验收重点管控措施，通过开展见证、旁站、巡视检查和质量验收工作，落实监督责任，及时发现问题，跟踪整改，同时建立工程质量跟踪管理台账，做到了可追溯，确保工程建设质量始终处于受控状态。

　　施工项目部以工艺创优为主导，确定创鲁班奖重点工序，应用新技术、新工艺、新设备，开展体现变电站特色和亮点的深化设计及工艺专项方案，实行样板引路，发扬工匠精神，精雕细琢，持续改进，一次成优，最终达到了工艺质量上乘的鲁班奖目标。

　　甘肃检修公司参与工程创鲁班奖策划，参加工程中间验收、竣工验收，统一变电站运行设置标准，积极配合甘肃建设分公司开展达标投产、创鲁班奖等管理工作。

第四节　绿色建造，节能环保

一、事前策划，落实绿色建造目标

　　（1）主要设备均选用节能产品，大幅降低损耗，与常规设备相比，铜损降低15%，铁损降低 30%，能量损耗显著降低。

　　（2）导线直径满足电晕水平的要求，最大限度降低超高压线路导线的表面电位梯度，要求导体光滑、避免棱角，以减少电晕损耗。

　　（3）结合地区特点及站区布置进行建筑设计，变电站中建筑物，包括主控通信室、各继电器小室等，因地制宜采用环保节能的建筑材料和设备。

（4）建筑物根据工艺需要配置铬合金电暖器、分体式空调。建筑屋面、墙面（LSP 板自带岩棉保温层）合理设置保温隔热层。变电站防火墙如图 7-1 所示。

图 7-1　变电站防火墙

（5）应用工业化、装配式建造技术，减少湿作业 30%，绿色环保。

（6）利用 BIM 设计成果进行过程标准化管理，提升工程质量管理，增加综合效益。获甘肃省优秀工程勘察设计 BIM 专项奖。

（7）现场设置环境监测设备，全天候对噪声、扬尘进行监测。

二、因地制宜，节约资源

优化平面布置，共节约占地 82 亩，采用竖向台阶布置，减少土方 29 万立方米。优化构架及管型母线，节约钢材 120 吨。采用高周转率材料、设施，安全适用、节约成本。施工中循环利用水资源，节约用水 1460 立方米，污水零排放。采用 Low-E 玻璃、太阳能及 LED 灯具，年降耗 1.95 万千瓦时。采用降噪措施，降低噪声 10 分贝。采用降尘措施，有效降低场内扬尘。

三、获得绿色施工优良工程

积极申报甘肃省绿色施工示范工地，2019 年 9 月 22 日，甘肃省建设工程建筑协会对张掖 750 千伏变电站施工现场进行"绿色施工"复检验收，最终得分 85 分，评价为优良，小组排名第一，2019 年 12 月 28 日，获得甘肃省"建筑工程绿色施工推进推广竞赛活动"优良工程称号。

第五节　专项评价，保驾护航

甘肃建设分公司分阶段组织开展了专项评价和验收，取得优异佳绩。

（1）2019 年 5 月 30 日和 2019 年 7 月 14 日，河南中电咨询有限公司对本工程开展了地基结构两个阶段现场评价检查，综合得分 93.06 分。结论：工程原始资料齐全完整，施工方案审批手续完整，主要试验报告齐全，施工质量处于受控状态，通过地基结构专项评价。

（2）2020 年 6 月 1～4 日，河南中电咨询有限公司对本工程开展了绿色施工、工程质量专项评价检查，得分分别为 93.9 分和 93.12 分。结论：工程绿色施工成效明显，限额指标控制优于计划目标，施工过程质量控制资料完整，试验报告、安装记录真实齐全，质量评价达到了高质量标准要求。

（3）2020 年 11 月 26～28 日，河南中电咨询有限公司对本工程开展了新技术应专项评价检查，得分为 94.5 分，专家对工程新技术应用给予高度认可。

（4）2020 年 3 月 17 日，张掖市住建局对工程进行消防验收。最终认定消防工程满足建设工程相应规范规程要求，功能完善，各项资料完整，已取得张掖市甘州区住建局消防备案凭证。

（5）2020 年 4 月 6～7 日，北京中安质环技术评价中心有限公司、陕西昊安职业卫生技术服务有限公司对工程进行了安全设施和职业卫生健康评价。2020 年 8 月 26 日，国网甘肃省电力公司组织西北电力设计院对工程进行了水保验收。2020 年 9 月，国网甘肃省电力公司组织环保调查单位和检测单位对工程进行了环保验收。经过现场检查、资料核查及定性量化评价，工程安全设施、职业卫生健康、水土保持、环境保护满足国家相关法律法规要求，通过验收，取得安全设施和职业卫生健康评价报告，通过环保、水保验收。

第六节　科技创新，成果丰硕

采用新技术，开展科技创新，与咨询单位深入沟通，多渠道开展技术标准编写及 QC、工法、科技项目申报等工作，其中 9 项 QC 成果获得 2019 年度中电建协优秀 QC 成果奖，2 项 QC 成果获得 2019 年度和 2020 年度甘肃省优秀 QC 成果奖，参与编写的 4 项技术标准已正式下发，获得甘肃省省级工法 1 项。

工程开展 10 余项科技创新成果，均已完成验收，申报中电联科技进步奖 1

项，申报中电建协科技进步奖 6 项，申报中国电力规划设计协会科技进步奖 1 项，有 5 项科技项目通过中电建协关键技术评价，获得 2 项发明专利授权、12 项实用新型专利授权、1 项外观专利授权，获得软件著作权 1 项。获得工法 1 项；6 项科技项目中 1 项获得中电建协一等奖，4 项获得二等奖，1 项获得三等奖，1 项成果获得中电联科技创新二等奖。

国家节能低碳技术 6 项，应用建筑业十项新技术 9 大类 21 小项，应用电力建设五新技术 22 项，自主创新技术 11 项，具体见表 7-1～表 7-4。

表 7-1 　　　　　　　　　　采用节能低碳技术 6 项

序号	项目编号	应用项目名称	具体部位
1	10	配电网全网无功优化及协调控制技术	35 千伏无功自投切系统
2	104	Low-E 节能玻璃技术	建筑物窗户
3	144	LED 智能照明节能技术之一：道路照明技术	道路照明
4	147	基于 LED 发光特性的广告灯箱节能技术	建筑物照明
5	171	电子膨胀阀变频节能技术	建筑物空调
6	187	热转印标识打印技术	控制电缆、导向牌

表 7-2 　　　　　　应用建筑业十项新技术 9 大类 21 子项

序号	编号	应用项目名称	序号	编号	应用项目名称
一	2	钢筋与混凝土技术	六	7	绿色施工技术
1	2.5	混凝土裂缝控制技术	11	7.3	施工现场太阳能空气能利用技术
2	2.7	高强钢筋应用技术	12	7.4	施工扬尘控制技术
二	3	模板脚手架技术	13	7.7	工具式定型化临时设施技术
3	3.8	清水混凝土模板技术	14	7.10	混凝土楼地面一次成型技术
三	4	装配式混凝土结构技术	七	8	防水技术与围护结构节能
4	4.1	预制构件工厂化生产加工技术	15	8.1	防水卷材机械固定施工技术
5	4.5	夹心保温墙板技术	16	8.8	高效外墙自保温技术
四	5	钢结构技术	17	8.9	高性能门窗技术
6	5.4	钢结构防腐防火技术	八	9	抗震、加固与监测技术
7	5.7	钢结构虚拟预拼装技术	18	9.1	消能减震技术
五	6	机电安装工程技术	九	10	信息化技术
8	6.2	导线连接器应用技术	19	10.4	基于互联网的项目多方协同管理信息化技术
9	6.3	可弯曲金属导管安装技术	20	10.5	基于移动互联网的项目动态管理信息技术
10	6.10	机电消声减振综合施工技术	21	10.7	基于互联网的劳务管理信息系统

表 7-3　　　　　　　　　应用电力建设五新技术 22 项

序号	编号	应用项目名称	序号	编号	应用项目名称
1	40	电能质量监测与控制技术	12	184	400 兆帕及以上高强钢筋
2	52	高精度输电线路故障测距技术	13	185	新型奥氏体耐热不锈钢
3	56	电力光纤数字通信传输技术	14	189	节能环保建筑构件，工程预制件
4	62	变电站（换流站）噪声控制技术	15	190	新型保温、隔热、隔音材料
5	86	工厂化加工配置	16	191	防水、防火、抗震等功能的新型建筑材料及制品
6	110	户外 GIS 安装洁净化施工工艺	17	193	无收缩二次灌浆材料
7	119	六氟化硫气体回收再利用	18	195	节能降噪金具
8	120	全密封绝缘油处理系统	19	198	耐热铝合金导线
9	162	变电站综合自动化系统	20	203	新型节能灯具
10	175	二次航空插头组件	21	205	变电站光缆接续端子箱
11	183	互联网＋工程管理应用技术	22	207	扩径导线应用

表 7-4　　　　　　　　　自主创新技术 11 项

序号	应用项目名称	具体部位
1	平推式倒圆角工具	道路施工、基础施工
2	档案数字化管理	国家电网数字档案管理系统
3	远程无线视频监控	变电站基建现场视频监控系统
4	智能变电站光缆优化整合方案	光缆敷设
5	变电站工程组合大钢模块应用标准化设计	围墙施工
6	定型钢模板	基础保护帽/防火墙
7	模板压型倒角及工艺槽	围墙压顶、防火墙框架柱角、电缆沟盖板
8	防火墙清水砖墙勾缝工具	防火墙
9	模拟带负荷测试系统的研究与应用	变电站调试与试验
10	移动式主站在变电站四遥信息量核对中的应用	变电站调试与试验
11	管型母线焊接万向轮	750 千伏及 330 千伏管型母线

第七节 工 艺 亮 点 展 示

一、土建工艺亮点

门色泽一致，安装规范，配件齐全，启闭灵活，标准工艺 0101010501 条要求，合页安装符合"上二下一、固三挑二"要求，两个合页的间距应为十分之二，即 $2L/10$，且不小于 300 毫米，上下合页距门框应为门长的十分之一，即 $L/10$。合页的安装方向：主合页安装在门框上，副合页在门上，螺帽平整，十字相互上下、左右对正。门拉手距地面 1.05 米，上下口应刷油漆，透气孔畅通，有涉水房间的木门应设防潮措施，卫生间木门设通风百叶。实木门安装如图 7-2 所示。

图 7-2 实木门安装

卫生间墙砖粘贴牢固、无空鼓，面层平整、灰缝均匀、顺直，根据标准工艺 0101010103 要求，提前调整排砖，最终实现全整砖，实现"三通缝、六对齐"。三通缝就是墙砖、地砖、顶棚面板三缝贯通；"六对齐"为洗脸盆台板和墙砖水平缝对齐；洗脸盆台板的立面和墙砖的立缝对齐；墙面上整容镜上下和墙砖的水平缝对齐、两侧与墙砖的立缝对齐；木门的上贴脸和墙砖的水平缝对齐，木门框和墙砖立缝对齐；落地式小便器上沿和墙砖水平缝对齐，两边和墙砖的立缝相对称（挂式小便器也可以居中对称）；电气开关、烘手机上沿与墙砖水平缝对齐，两侧居中对称。卫生间墙砖、吊顶如图 7-3 所示。

图 7-3　卫生间墙砖、吊顶

二次设备间、继电器室室内地面采用厚度为 2 毫米、同质透心环保 PVC 耐磨塑胶地面，如图 7-4 所示。根据标准工艺 0101010305 要求，铺贴前基层涂底胶，均匀涂刷。定位控制线弹好后将板块进行对缝预铺，使用整块料，通过实铺进行裁割。铺设塑胶地板时自然粘贴，避免用力推挤。涂胶完毕后，使用滚筒自中间向四周赶压，铺贴后以滚压轮滚压，并用橡胶锤砸实，拼缝处用专用焊条焊接，拼接处高低差为零；无缝隙拼接。室内沟盖板加工时提前预留 5 毫米，地面铺贴后厚度与角钢平齐，卷材与角钢缝采用硅酮耐候胶密封处理。地板粘贴牢固、不翘边、不脱胶、无溢胶，整体工艺美观。

图 7-4　二次设备间、继电器室 PVC 塑胶地面

　　建筑屋面防水使用 TPO 防水卷材粘铺平整，细部处理精细、排水顺畅，无积水、无渗漏。排气管、落水口（含雨水管）安装规范。根据标准工艺 0101011201 要求，屋面泛水高度不小于 250 毫米，泛水、雨水口、排气管、出屋顶埋管等细部泛水封闭严密。屋面混凝土柱、墙、排气管等无挑檐部位的泛水上部采用钢箍固定。铺贴卷材采用与卷材配套的黏接剂。多层铺设时接缝应错开。搭接部位应满粘牢固，搭接宽度为 100 毫米。末端收头用密封膏嵌填严密。屋面 TPO 防水卷材及细部工艺如图 7-5 所示。

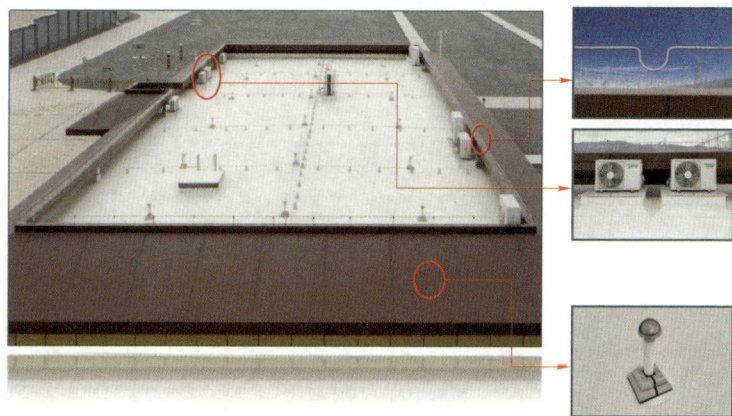

图 7-5　屋面 TPO 防水卷材及细部工艺

　　配电箱、开关、插座规格统一，高度一致，安装牢固，嵌缝密实，如图 7-6 所示。根据标准工艺 0101011305 要求，同一配电室采用统一型号配电箱，箱体高度统一，安装高度为配电箱下沿距地面 1.5 米。配电箱箱体周边平整无损伤，漆面无脱落，入箱的管线长短合适、间距均匀、排列整齐，箱内各种器具应安装牢固。配电箱内二次线安装要求：弧度一致，排列整齐，压接牢固，采用专用绑扎带固定，电缆标牌齐全、标识清楚。开关、插座采用同一系列的产品，在有饰面砖的墙面时选择在居中的位置，暗装的开关面板应紧贴墙壁面，四周采用硅酮耐候胶密封。同一部位开关面板高度、色泽一致，间隔均匀。插座应满足左零右相，两孔插座下零上相的要求；同一场所三相插座，接线相序一致；外墙开关及插座设置防雨罩。开关距地面 1.3 米，距离门框边缘宜为 150～200 毫米，不同规格开关底部齐平。

　　灯具采用 LED 软膜灯带，安装避开屏柜上方，照度均匀，便于日常运维，如图 7-7 所示。光线柔和、照度均匀、平整顺直、工艺美观。根据标准工艺 0101011301 要求，采用高效节能灯具，无机械损伤、变形、涂层剥落和灯罩破裂等缺陷，标识正确清晰。安装位置应避开主控制室和配电室的主梁、次梁，灯具安装时应避开二次设备屏位、母线桥和开关柜的正上方，布局美观合理。事故照明灯在明显部位做红色 S 标记。

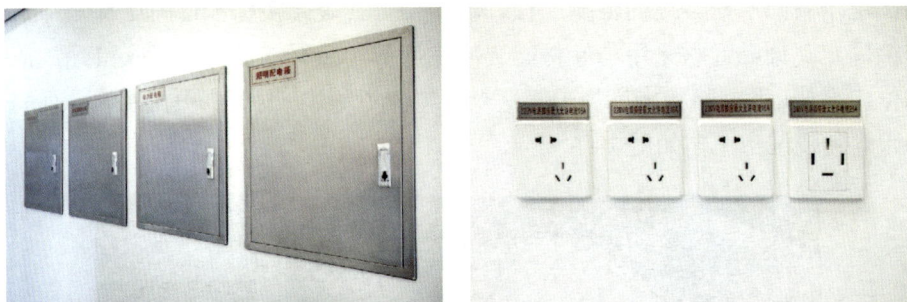

图 7-6　配电箱、开关、插座

图 7-7　灯具

落水管选材讲究、安装垂直、固定牢靠，底部出水口设置水簸箕，美观实用，如图 7-8 所示。根据标准工艺 0101011702、《建筑给水排水及采暖工程施工质量验收规范》（GB 50242—2022）等相关规程、规定要求，雨水斗、管的连接应固定在屋面的承重结构上，雨水斗与屋面的连接处应严密不漏，管道支吊架的安装应平整牢固。雨水管道安装完成后表面光滑、无划痕及外力冲击破坏。

建筑物外墙采用硅酸钙板，安装平整，分缝合理，打胶顺直美观，色泽一致，端庄大气，如图 7-9 所示。根据标准工艺 0101010705 要求，一体板切割边缘整齐。挂接牢固，与基层连接密实，表面平整、洁净、色泽一致，无裂痕和缺损。接缝应平直、光滑，密封胶应连续、密实。排板保证板缝均匀，板材对称美观，设计阶段应考虑建筑物外立面尺寸、雨篷、阳台、洞口等部位设计尺寸与一体板的生产规格统一，并进行预排板。凡阳角部位不宜出现小于整板 1/2 板材。

如遇有突出的卡件，应用整板套割吻合，不得用非整板随意拼凑镶贴。板缝隙均匀一致，缝宽宜控制在 8～15 毫米。

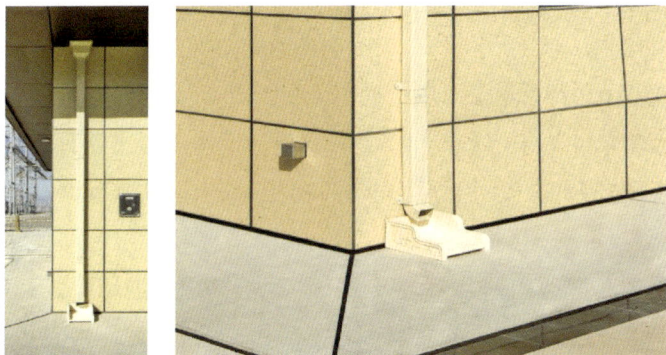

图7-8　落水管

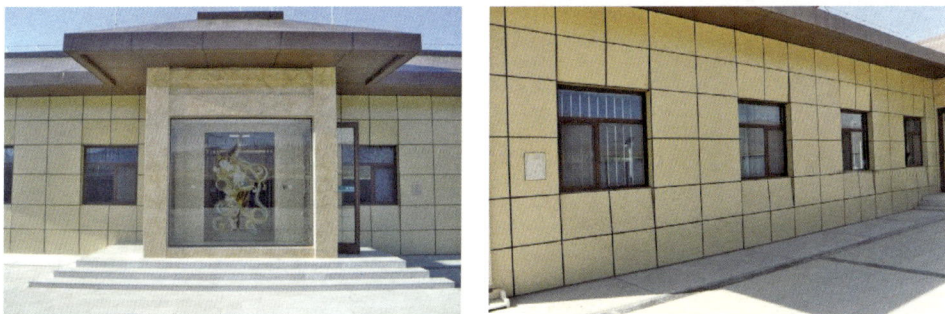

图7-9　建筑物外墙

基础内实外光、色泽均匀，倒角顺直，如图 7—10 所示。根据标准工艺 0101020203 要求，基础露出地面部分采用清水混凝土施工工艺。清水混凝土表

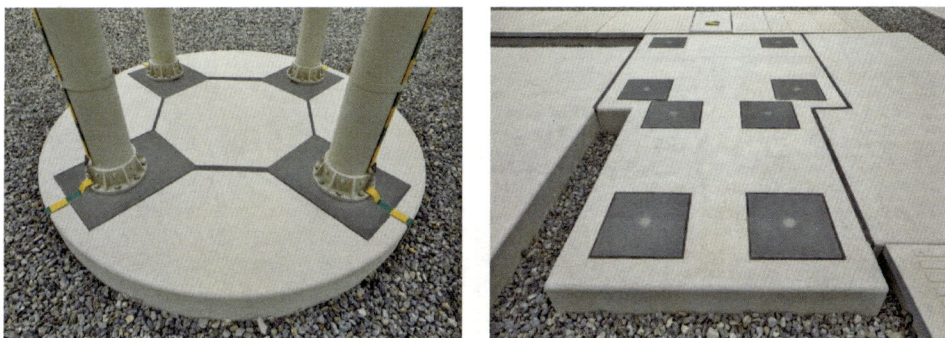

图7-10　基础

面色泽一致，无明显修补痕迹；混凝土表面每平方米气泡面积不大于 20 平方厘米，气泡最大直径不大于 5 毫米，深度不大于 2 毫米，气泡应呈分散状态。外露基础阳角应设置圆弧倒角，顶面倒角宜采用专用工具原浆压光。

围墙采用预制压顶工厂化加工，线条顺直，工艺美观，如图 7-11 所示。根据标准工艺 0101030107 要求，压顶底部两侧距边缘 20 毫米处做滴水槽或鹰嘴、滴水线。滴水槽尺寸为 10 毫米×10 毫米。预制钢筋混凝土压顶长度，两墙垛间宜为整块。压顶安装前，围墙顶面均匀摊铺 20 毫米厚防水砂浆找平，安装时用水平仪抄平、拉线，严格控制压顶标高及表面平整度；用经纬仪跟踪控制压顶的顺直度。压顶对缝两侧粘贴美纹纸后，中间填塞橡胶泡沫板，两侧各嵌 20～30 毫米沥青麻丝、20 毫米厚的发泡剂，然后用硅酮耐候胶封闭。

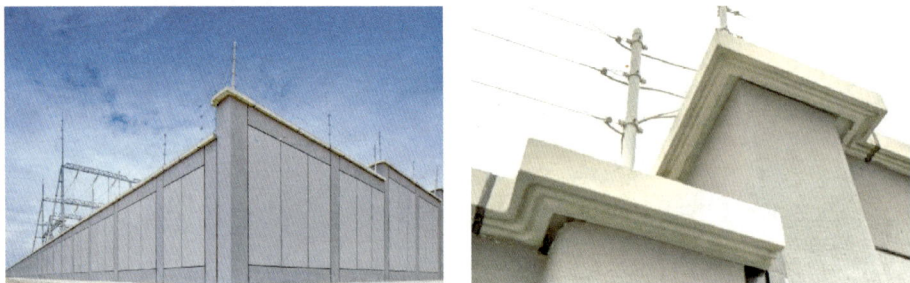

图 7-11　围墙

道路平整、路缘顺滑，工艺美观，无裂缝、无积水，如图 7-12 所示。根据标准工艺 0101030501 要求，道路采用清水混凝土倒圆角工艺。道路缩、胀缝设置位置准确，缝壁垂直，缝宽一致，填缝密实；传力杆必须与缝面垂直。胀、缩缝采用硅酮耐候胶填充，打胶顺直、弧度一致、美观清洁。路面平整密实、色泽均匀，无脱皮、裂缝、损坏、麻面、起砂、污染。

图 7-12　道路

　　防火墙框架采用定型钢模板，一次浇筑成型，填充墙清水砌筑，美观大方，如图7-13所示。根据标准工艺0101020501要求，基础上部钢筋混凝土梁、柱一次施工，表面密实光洁，棱角分明，颜色一致，不得抹灰修饰。填充墙砌筑灰缝横平竖直，密实饱满，组砌正确，不应出现通缝，接槎密实、平直水平灰缝厚度和竖缝宽度宜为10毫米，不小于8毫米且不大于12毫米。填充墙应采用节能环保砖，砖块采用优等品砖块，颜色均匀，规格尺寸偏差不大于2毫米。砂浆配制宜采用中砂，使用前过筛。

图7-13　防火墙框架

　　检查井圈采用清水混凝土工艺，倒角流畅、外形美观，如图7-14所示。根据标准工艺0101030702要求，检查井规格、尺寸、位置正确。井圈与井壁吻合偏差不大于10毫米，井圈平整度偏差不大于3毫米，井内管口与井墙齐平。

图7-14　检查井圈

　　护坡采用六边形混凝土预制块铺贴，表面光洁，泄水孔分布均匀整齐，如图7-15所示。护坡泄水孔应均匀设置，在每米高度上间隔2米左右设置一个泄水孔；泄水孔与土体间铺设长宽各为 300 毫米、厚 200 毫米的反滤层。泄水孔采用 110 毫米 PVC 管，并向外 5% 放坡。

图 7-15　护坡

　　全站构支架杆安装整齐，偏差优于规范要求，表面镀锌层光洁，无脱落、无污染，如图 7-16 所示。根据标准工艺 0101020102 要求，钢构件无因运输、堆放和吊装等造成的变形及涂层脱落。构架镀锌层不得有黄锈、锌瘤、毛刺及漏锌现象。构架柱法兰顶紧接触面不小于 75% 紧贴，且边缘最大间隙不大于 0.8 毫米。

图 7-16　全站构支架杆

沉降观测点设置规范，标识清楚，安装牢固，如图7−17所示。根据标准工艺0101011801要求，按照设计要求设置沉降点，保护完好，标识清晰、规范。安装高度统一离室外地坪500毫米。沉降观测点位置与落水管错开，与落水管间距不小于100毫米。铭牌四周统一采用耐候硅酮胶进行打胶处理，宽度为5毫米。可采用有保护盒的方式，保护盒采用不锈钢材质，底部敞开，防止积水，尺寸应满足沉降观测专用铟钢尺宽度要求。

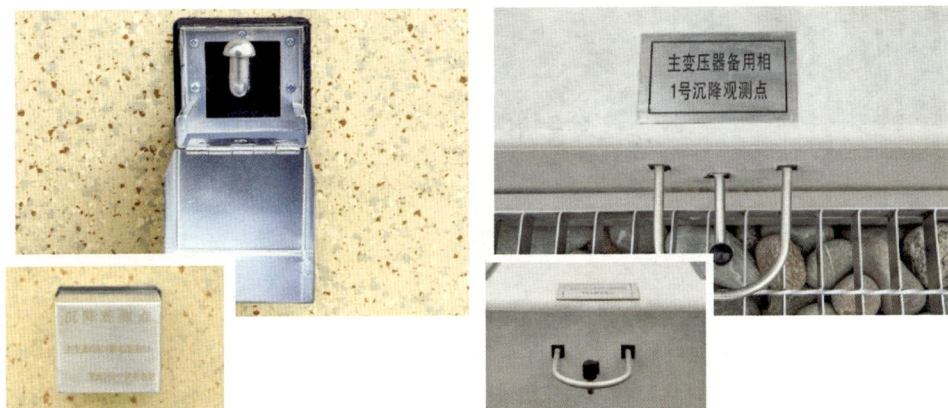

图7−17　沉降观测点

工厂化定制电缆沟盖板安装稳固，无异形盖板，百米顺直度误差小于2毫米，如图7−18所示。根据标准工艺0101030804要求，电缆沟盖板角钢框规格与电缆沟盖板厚度匹配，盖板表面应平整，无扭曲、变形，色泽均匀。盖板安装平稳、顺直。盖板安装时将盖板搁置在电缆沟上，电缆沟两头采用经纬仪每20米左右定点。拉线调整盖板顺直及平整度。

图7−18　电缆沟盖板

全站接地设备采用冷弯技术，弧度自然、工艺精良。安装成排成行、整齐划一、标识清晰。如图 7-19 所示。

图 7-19 全站接地设备

秉承策划先行、样板引路、过程控制、一次成优的理念，全面打造精品工程，如图 7-20 所示。

图 7-20 策划先行、样板引路

加强隐蔽验收管控，突出施工关键环节，实测实量，确保施工质量始终处于受控状态，如图 7-21 所示。

图 7-21　加强隐蔽验收管控

　　开展装饰装修深化设计，施工单位编制专项方案，细化节点布置，精准控制建筑物墙面、地面、屋面、门窗等装修工艺，形成标准工艺控制卡如图 7-22 所示。

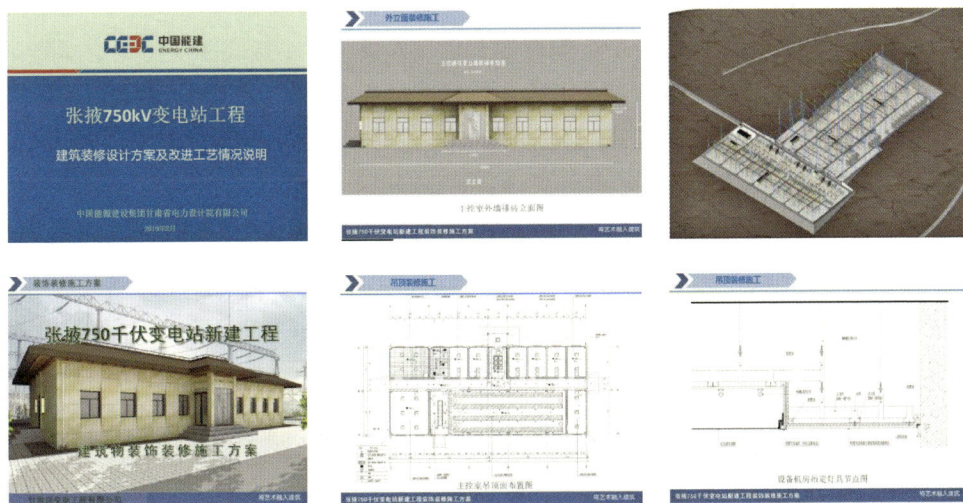

图 7-22　施工单位编制专项方案

研制实用小型工器具，质量控制精细化，如图 7-23 所示。

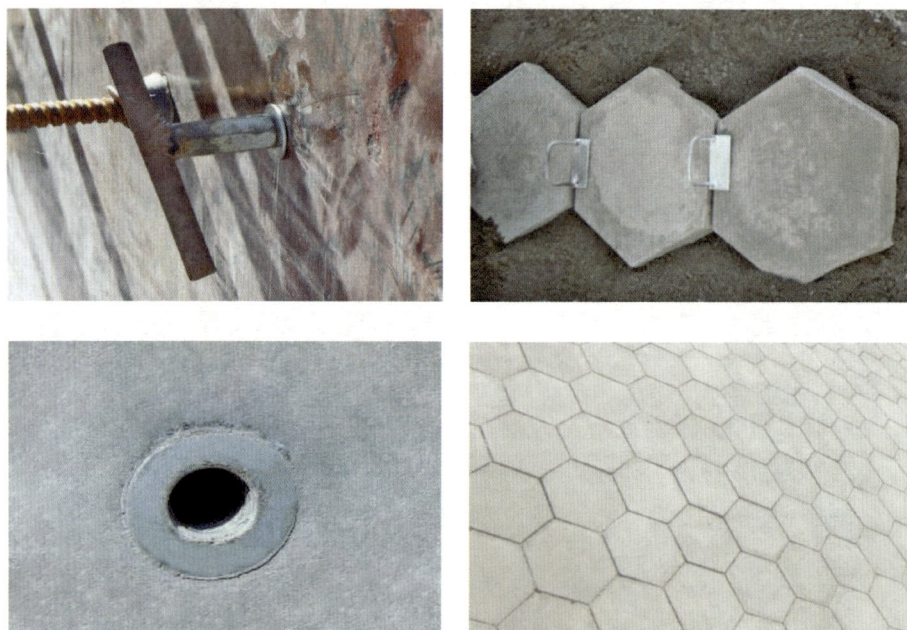

图 7-23　研制实用小型工器具

二、电气工艺亮点

1. 站用交、直流设备安装

（1）低压配电系统反应于屏面，便于运行人员识别主接线图及防走错间隔。

（2）蓄电池排列整齐，高低一致，放置平稳。蓄电池之间的间隙均匀一致。

（3）蓄电池进行编号，编号清晰、齐全。

（4）蓄电池通信网线接线整齐。接线端子标识清楚。通信接线端子采用插接技术。

（5）蓄电池上部或蓄电池端子上应加盖绝缘盖，以防止发生短路。

（6）蓄电池电缆引出线正极为棕色，负极为蓝色。

蓄电池、直流屏安装如图 7-24 和图 7-25 所示。

2. 端子箱、智能柜安装

（1）所有户外柜体应采用厚度不小于 2 毫米、锰含量不高于 2%的奥氏体不锈钢，所有不锈钢统一采用拉丝工艺。

图 7-24　蓄电池安装

图 7-25　直流屏安装

（2）全站接地端子的高度距地面 500 毫米，大小由设计进行统一，端子箱、汇控柜等接地方向也要统一。屏柜内配两根铜排，均不与屏体绝缘。

（3）主变压器本体风冷控制柜、智能柜外形一致，油色谱与端子箱外形一致。

（4）接地点统一设置为倒三角不锈钢标识（边长 30 毫米）。

智能柜安装如图 7-26 所示。

图 7-26　智能柜安装（一）

图 7-26 智能柜安装（二）

3. 保护屏柜安装

（1）全站屏柜（包括火灾报警、图像监控等小专业）色泽、开门方向、屏眉一致。

（2）屏蔽线接地美观、可靠。

（3）户内盘柜固定采用在基础型钢上钻孔后螺栓固定的形式。

（4）屏内配线颜色统一，工艺美观。

（5）电缆较多的屏柜接地母线的长度及其接地螺孔适当增加，以保证一个接地螺栓上安装不超过 2 个接地线鼻。

保护屏柜及屏蔽接地安装如图 7-27 所示。

（a）保护屏柜

图 7-27 保护屏柜及屏蔽接地安装（一）

（b）屏蔽接地

图 7-27 保护屏柜及屏蔽接地安装（二）

4. 电缆支架安装

电缆支架采用复合支架，采用隐螺母固定；在电缆沟十字交叉口、丁字口处增加电缆支架，防止电缆落地或过度下垂。电缆支架安装如图 7-28 所示。

图 7-28 电缆支架安装

5. 电缆敷设

（1）电缆采用专用电缆绑线进行整理、固定，颜色与电缆一致。

（2）电缆在沟内拐弯处设置有电缆标识。

（3）高、低压电力电缆，强电、弱电、控制电缆应按顺序分层排列，自下而上配置，光缆槽盒在最上一层靠外，等电位地网设置在最上一层靠内。

（4）扎带、扎线绑扎间距一致，绑扎方向一致，收口一致，收口在电缆下侧。直线段 8 米（套黄色护套电缆支架处）绑扎一次，电缆首末两端、转弯处必须绑扎，垂直敷设或超过 45° 倾斜的电缆 2 米绑扎一次，扎线斜向下绑，收口在下，电缆绑扎（缠绕）方向一致。

（5）十字交叉或 T 型交叉口适当增加电缆支架，防止电缆坠落。

电缆敷设如图 7－29 所示。

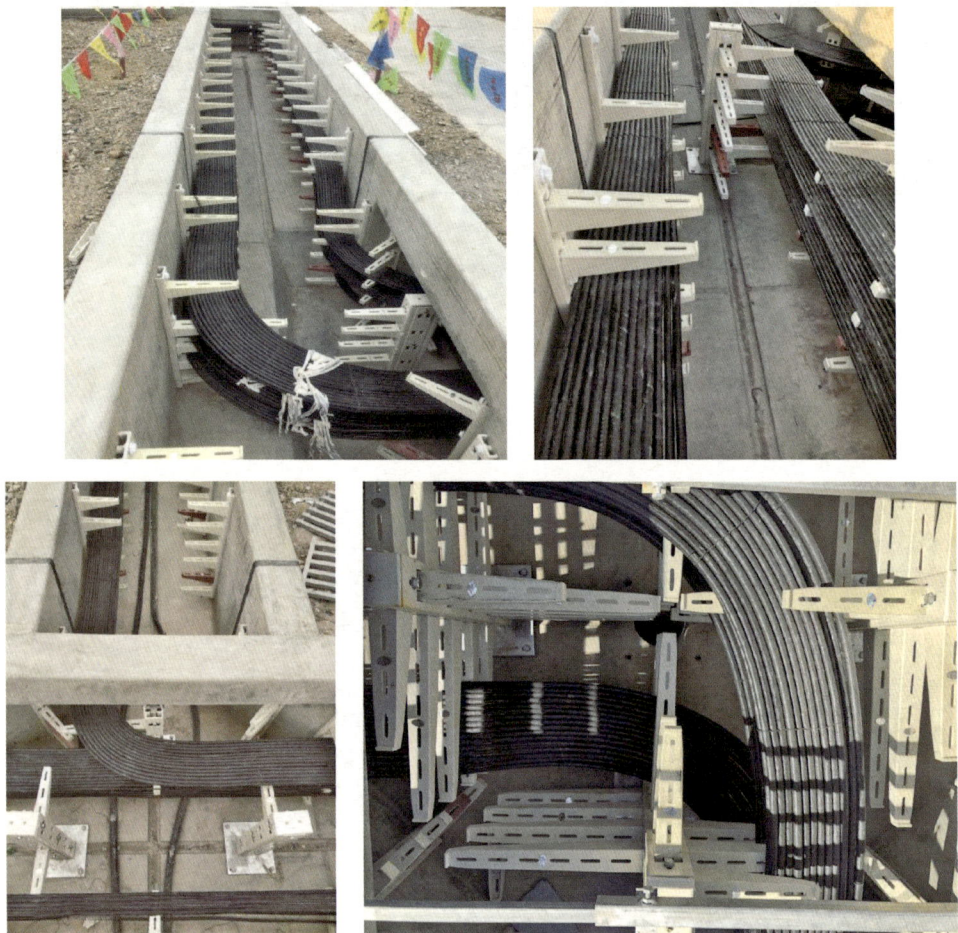

图 7－29　电缆敷设

6. 光缆敷设

光缆敷设及槽盒安装光缆的敷设应平直、整齐、美观，尽量避免交叉，如图 7－30 所示。

7. 二次回路接线

（1）电缆型号符合设计，电缆剥除时不得损伤电缆芯线。

（2）电缆号牌、芯线和所配导线端部的回路编号正确，字迹清晰且不易褪色。

图 7-30　光缆槽盒安装

（3）芯线接线准确，连接可靠，绝缘符合要求，盘柜内导线不应有接头，导线与电器元件间连接牢固可靠。

（4）每个接线端子每侧接线为 1 根。对于插接式端子，插入的电缆芯剥线长度适中，铜芯不外露。

（5）备用芯应满足端子排最远端子接线要求，套标有电缆编号的号码管，且线芯无裸露。

（6）装有静态保护和控制装置的屏柜的控制电缆，其屏蔽层接地线采用螺栓接至专用接地铜排。

（7）每个接地螺栓上所引接的屏蔽接地线鼻不得超过 2 个。

（8）电缆头高出箱柜底部 100～150 毫米。

二次回路接线如图 7-31 所示。

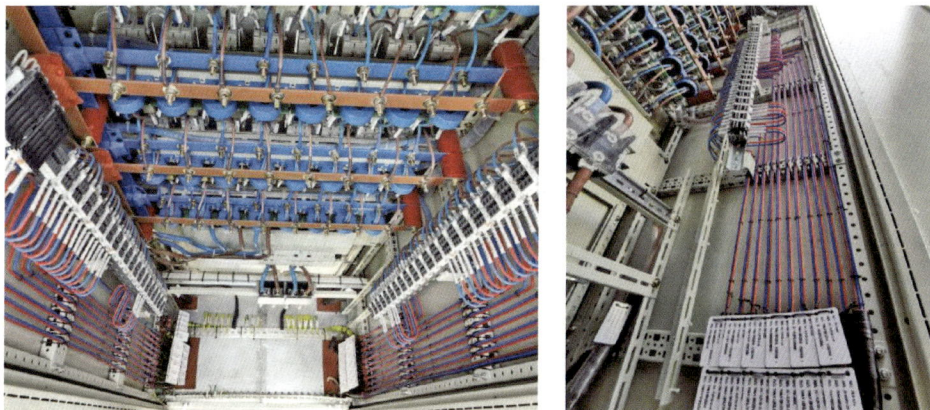

图 7-31　二次回路接线

8. 防火封堵及阻燃，采用 3M 公司技术封堵

（1）敷设阻燃电缆的电缆沟每隔 80～100 米设置一个隔断，敷设非阻燃电缆的电缆沟宜每隔 60 米设置一个隔断，设置在临近电缆沟交叉处。

（2）阻火墙底部必须留有排水孔洞。

（3）阻火墙采用耐腐蚀材料支架进行固定。

（4）阻火墙两侧不小于 1 米范围内电缆应涂刷防火涂料，厚度为（1±0.1）毫米。

（5）沟底、防火板的中间缝隙采用有机堵料做线脚封堵，厚度大于防火墙表层 10 毫米，宽度不得小于 20 毫米，呈几何图形，面层平整。

（6）阻火墙上部的电缆盖上涂刷红色明显标记。

阻火墙封堵及标识如图 7-32 所示。

图 7-32　阻火墙封堵及标识

9. 网线及通信线敷设、接线

柜内网线排列整齐，采用专用白色刀旗标签，清晰、美观，弧度一致，如图 7-33 所示。

10. 光缆及尾缆敷设、接线

尾缆去向标识于屏柜内屏门面板，采用二维码管理，便于尾缆及间隔设备准确查找，也便于二次安措的准确执行。尾缆端部采用专用白色刀旗标签，清晰、美观。尾缆敷设及标识如图 7-34 所示。

11. 设备接地安装

（1）同类设备的接地线位置一致，方向一致。

（2）接地线弯制弧度弯曲自然、工艺美观。

（3）螺栓连接接触面紧密，连接牢固，螺栓丝扣外露长度一致，配件齐全。

图 7-33　网线敷设

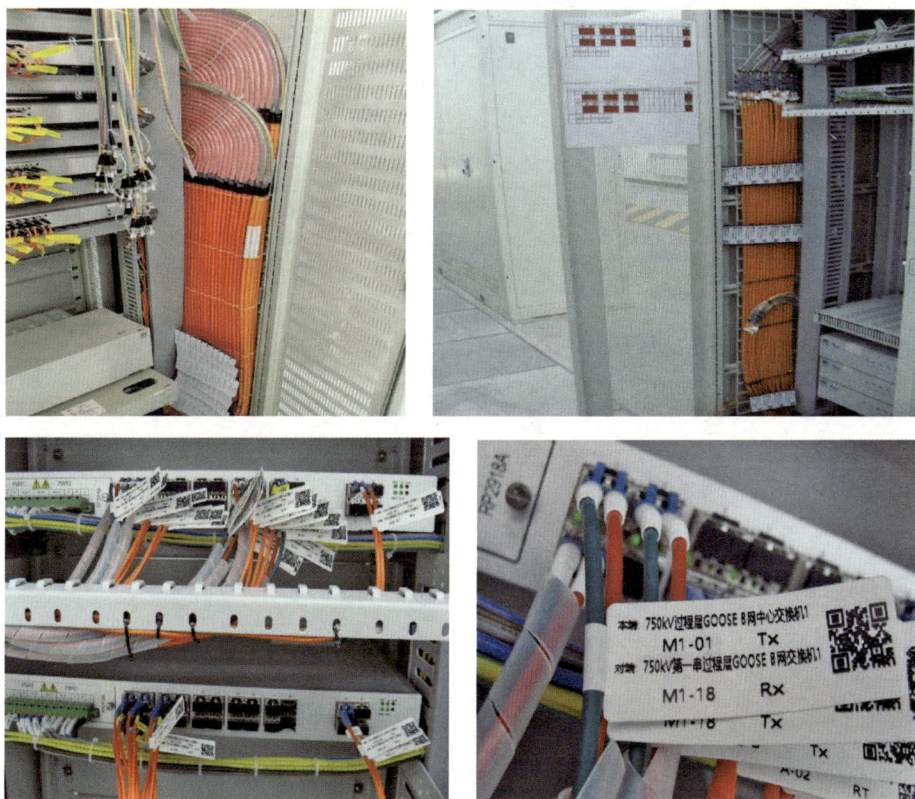

图 7-34　尾纤敷设及标识

不同类型设备接地安装如图 7−35 所示。

(a) HGIS 跨接地

(b) 电压互感器接地

(c) 电流互感器接地

(d) 电容器组接地

(e) 支柱绝缘子接地

(f) 隔离开关机构箱接地

图 7−35　不同类型设备接地安装（一）

(g) 隔离开关底座接地

(h) 放电计数器尾端接地

(i) 散热器法兰跨接地

(j) 油管法兰跨接地

图 7-35　不同类型设备接地安装（二）

12. 设备引线安装

（1）高跨线上（T 型）线夹位置设置合理，引下线及跳线走向自然、美观，弧度适当。

（2）设备线夹（角度）方向合理。

（3）软导线压接线夹口向上安装时应在线夹底部打直径不超过 $\phi 8$ 毫米的泄水孔。

（4）铝管压接后弯曲度小于 2%。

（5）压接时必须保持线夹的正确位置，不得歪斜，相邻两模间重叠不应小于 5 毫米。

各设备引线安装如图 7-36 所示。

(a) 设备引线安装

(b) 跳引线安装①

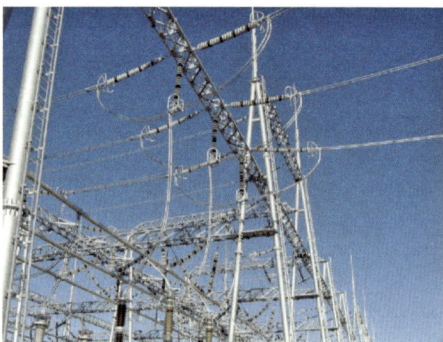

(c) 跳引线安装②

(d) 接地开关引线安装

(e) 管型母线引线安装

(f) 设备引下线安装

图 7-36　各设备引线安装

13. 软母线安装

（1）导线无断股、松散及损伤，扩径导线无凹陷、变形。

（2）绝缘子外观、瓷质完好无损，铸钢件完好，无锈蚀。

（3）连接金具与导线匹配，金具及紧固件光洁，无裂纹、毛刺及凹凸不平。

（4）引流板无变形、损坏。

（5）绝缘子串可调金具的调节螺母紧锁。

（6）母线弛度符合设计要求，其允许误差为−2.5%～5%，同一档距内三相母线的弛度一致。

（7）线夹规格、尺寸与导线规格、型号相符。

（8）均压环安装无划痕、毛刺，安装牢固、平整、无变形；均压环在最低处打泄水孔。

软母线安装如图7−37所示。

图7−37 软母线安装

14. 悬吊式管型母线安装

（1）按设计图纸确定管型母线跨度，依据跨度尺寸进行管型母线配置，每相管型母线配置过程将焊点绕开安装在其上部的隔离开关静触头夹具，保持焊缝距夹具边缘不小于50毫米。

（2）管型母线配置后对焊接端进行坡口处理，坡口角度根据管型母线壁厚确定，同时打加强孔。

（3）管型母线终端球安装前，放入设计要求规格型号的阻尼导线。管型母线终端球有泄水孔，安装时朝下。

（4）管型母线就位前检查金具、绝缘子串正确组装，销针完整，绝缘子碗口朝下。

悬吊式管型母线安装如图7−38所示。

图 7-38　悬吊式管型母线安装

15. 支撑式管型母线安装

（1）支架和管型母线钢梁安装后，再用水平仪测量，确保支架高差在 10 毫米以内。

（2）母线平直，端部整齐，挠度小于 $D/2$（D 为管型母线的直径）。

（3）三相平行，相距一致。

（4）一段母线中，除中间位置采用紧固定外，其余均采用松固定，以使母线滑动自如。

（5）金具规格应与管型母线相匹配。

（6）伸缩节截面应符合设计要求，且伸缩裕度应合理。

（7）主设备安装后须进行设备高差测量，对管型母线金具进行高差加工处理。

支撑式管型母线安装如图 7-39 所示。

图 7-39　支撑式管型母线安装

16. 矩型母线安装

（1）硬母线制作要求横平竖直，母线接头弯曲满足规程要求，并尽量减少接头。

（2）支持绝缘子不得固定在弯曲处。相邻母线接头不应固定在同一绝缘子间隔内，错开间隔安装。

（3）伸缩节设置合理，安装美观。

矩型母线安装如图 7-40 所示。

图 7-40　矩型母线安装

17. 电抗器尾端连接线安装

66 千伏并联电抗器尾端接线板连接取消过渡板连接，减少发热面接头，采用线夹直接搭接。尾端连接线安装如图 7-41 所示。

图 7-41　尾端连接线安装

18. 避雷器放电计数器引线安装

避雷器放电计数器引接铜排采用专用金具固定，取消直接打孔固定方式，铜排采用专用热缩护套包覆，以防腐蚀。避雷器引线安装如图 7-42 所示。

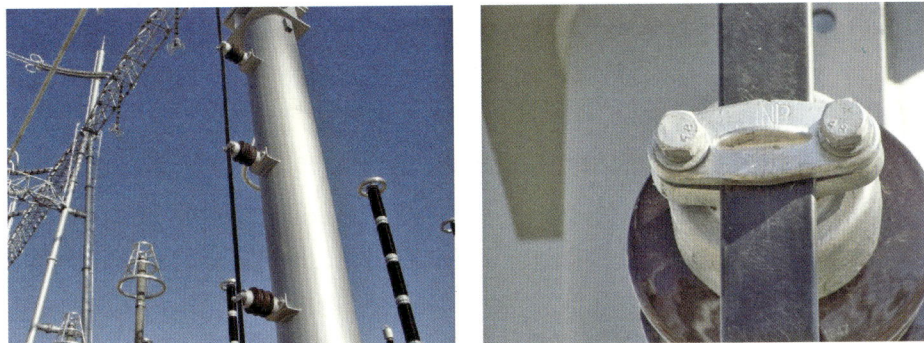

图 7-42 避雷器引线安装

19. 减震螺栓安装

遵循新技术应用,电流互感器、电压互感器、避雷器、支柱绝缘子采用减震螺栓安装方式,提高抗震效果,如图 7-43 所示。

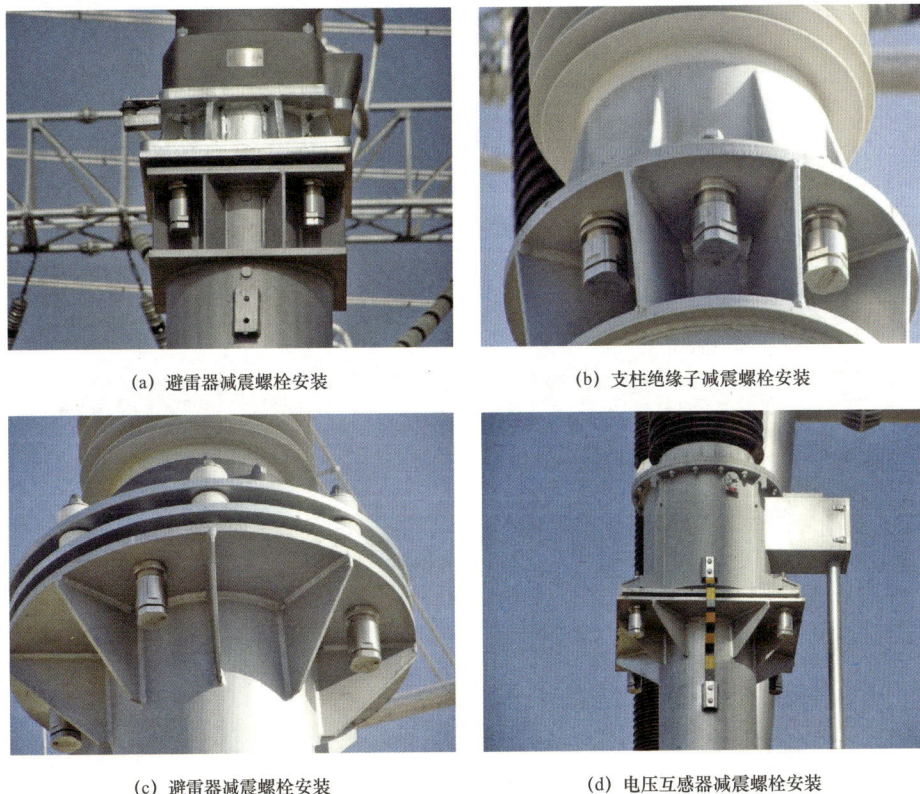

(a) 避雷器减震螺栓安装

(b) 支柱绝缘子减震螺栓安装

(c) 避雷器减震螺栓安装

(d) 电压互感器减震螺栓安装

图 7-43 减震螺栓安装

20. 管型母线双点悬挂及扰度控制专用金具应用

750 千伏管型母线连接采用湖北兴和研发的专利产品，采用专用管型母线金具连接及悬挂。针对以往工程中大跨度管型母线挠度不足，悬挂后弯曲变形超标的问题进行研究攻关。通过研究及实验确定采用 6Z63－ϕ300/276 型铝合金管型母线，同时专门设计了双点组合式悬挂金具。通过以上措施，管型母线各处变形均不超过 0.5D，效果非常出色。同时明显降低了配电区的电晕噪声，与软母线相比，开关场噪声水平下降约 10 分贝。此关键技术国内领先。管型母线双点悬挂及扰度控制金具安装如图 7－44 所示。

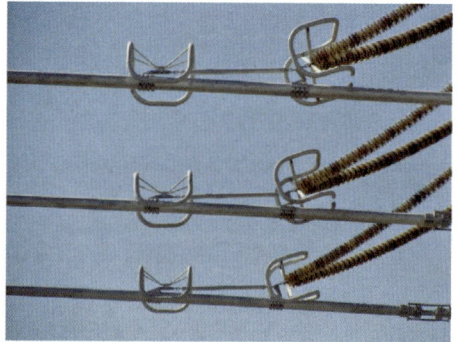

(a) 管型母线双点悬挂金具安装

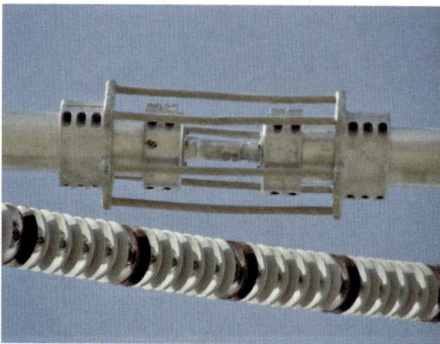

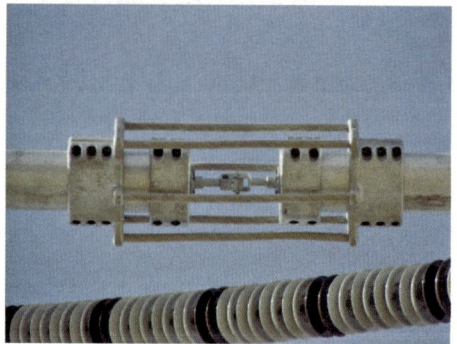

(b) 管型母线扰度控制金具安装

图 7－44　管型母线双点悬挂及扰度控制金具安装

21. 充油设备固定安装

充油设备采用专用夹件固定方式，减少本体施焊，防止油中乙炔气体产生，如图 7－45 所示。

图7-45　充油设备固定安装

22. 电抗器中性点管型母线连接固定安装

管型母线由原来的支柱直接支撑方式改为专用金具托架方式，提高管型母线固定强度，如图7-46所示。

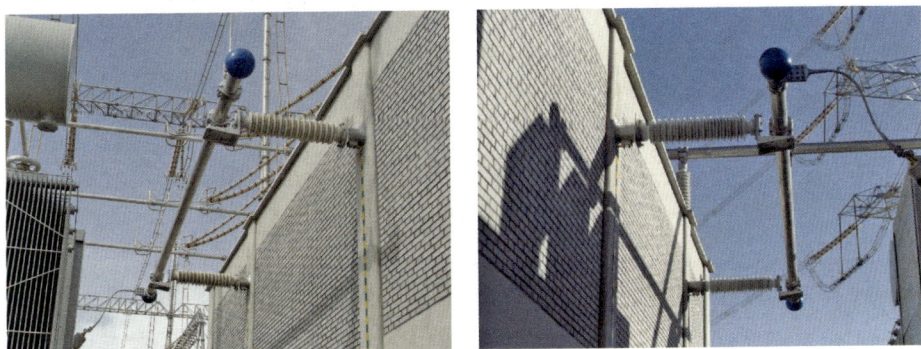

图7-46　管型母线固定安装

23. 放电线圈电缆引接安装

放电线圈电缆管与软连接处采用GLAND头专用护套处理包覆，防雨水及沙尘侵蚀，如图7-47所示。

24. 直埋电缆敷设标识

直埋电缆走向标识清晰。直埋电缆在直线段每隔50～100米处、电缆接头处、转弯处、进入建筑物等处，应设置明显的方位标识或标桩，如图7-48所示。

25. 站用变压器套管油位标识

站用变压器套管油位标识清晰，便于观察油位状态，如图7-49所示。

图 7-47 放电线圈电缆引接安装

图 7-48 直埋电缆敷设标识

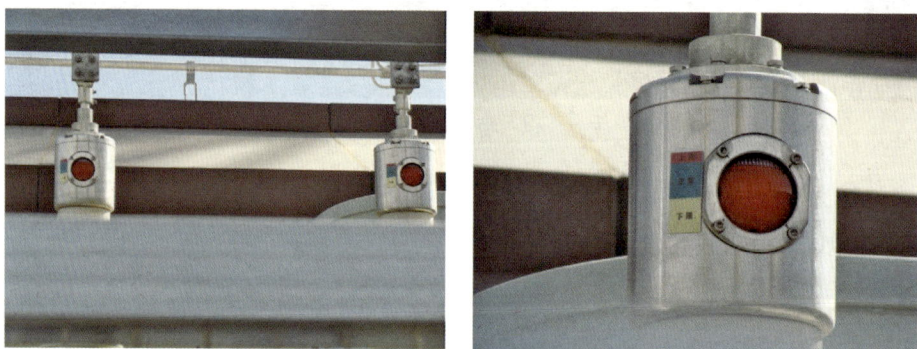

图 7-49 站用变压器套管油位标识

26. 责任管控卡应用

每面保护屏柜张贴责任管控卡，确保安装、接线、调试质量，便于质量追溯，如图 7-50 所示。

图7-50　责任管控卡应用

27. 电缆挂牌标识规范

根据二次接线标准工艺要求，电缆挂牌固定牢固，悬挂整齐，如图7-51所示。

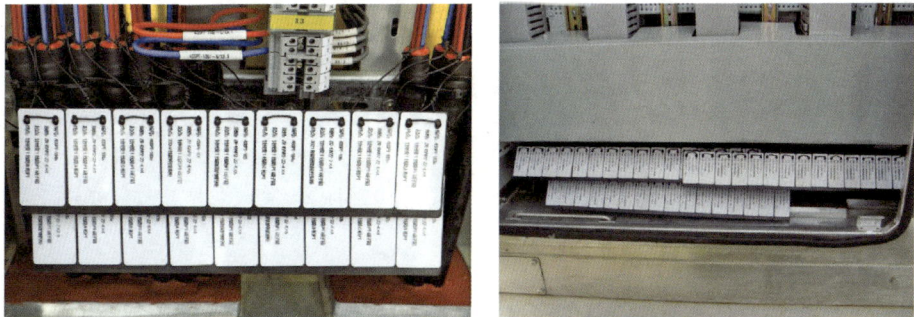

图7-51　电缆挂牌标识规范

28. 软母线绝缘子串碗口朝向一致

绝缘子间连接按规定要求统一碗口朝向，R销子碗口朝下，M销子碗口朝上。金具串之间组装后螺栓露出丝扣符合设计，螺栓端部销钉完整销入，与绝缘子串联接的球头组装后绝缘子销钉完整穿入。绝缘子串安装如图7-52所示。

29. 管型母线多挂点安装位置一致

管型母线多挂点安装位置一致，扰度控制一致，如图7-53所示。

图 7-52　绝缘子串安装

图 7-53　管型母线多挂点安装

30. 管型母线伸缩金具调整居中

管型母线伸缩金具调整居中,保证管型母线热胀冷缩时滑倒自如,如图 7-54 所示。

(a) 悬挂式管型母线

图 7-54　管型母线连接安装(一)

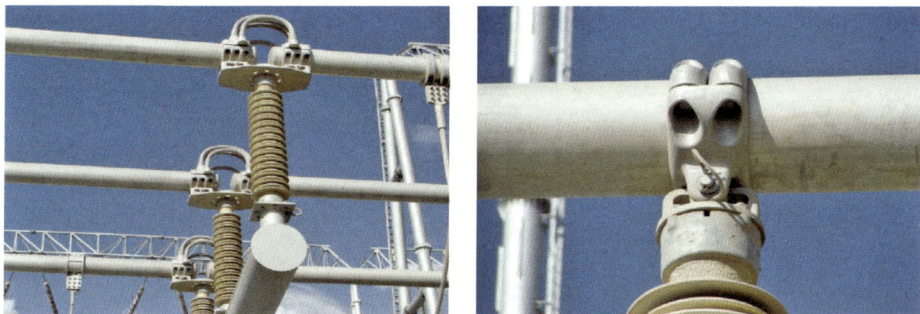

(b) 支撑式管型母线

图 7-54　管型母线连接安装（二）

31. 线夹连接采用碟形垫片

线夹连接采用碟形垫片，连接紧固，导电部位螺栓露扣 2～3 扣，螺栓出扣一致，如图 7-55 所示。

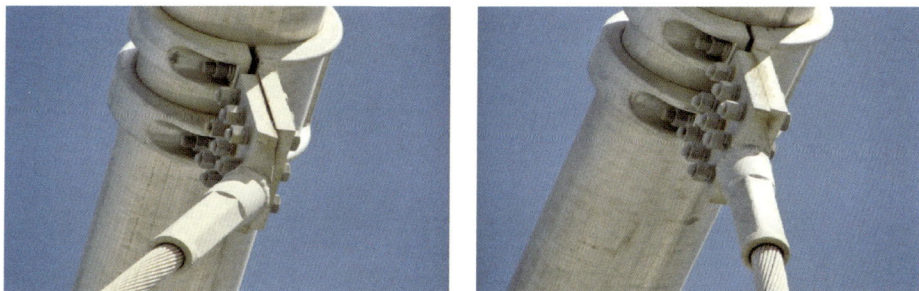

图 7-55　线夹连接安装

32. 泄水孔设备

全站均压环及管型母线最低处、线夹朝上的金具均设置泄水孔。如图 7-56 所示。

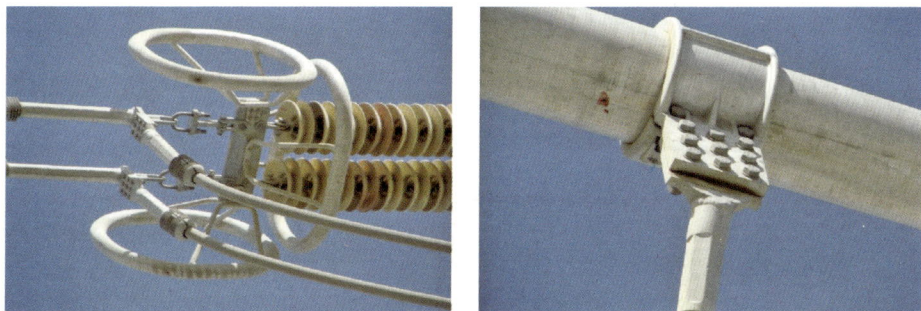

(a) 均压环最低处　　　　　　　　(b) 管型母线最低处

图 7-56　设置泄水孔位置（一）

(c) 线夹朝上最低处　　　　　　　　(d) 终端球最低处

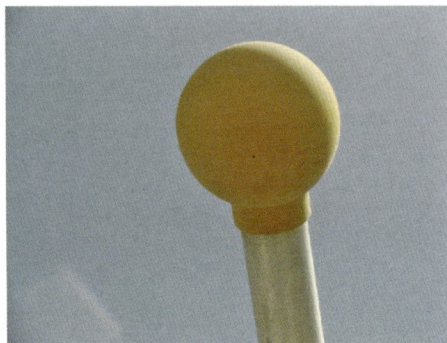

图 7-56　设置泄水孔位置（二）

第八节　工　程　荣　誉

工程获得 2020～2021 年度中国建设工程鲁班奖，如图 7-57 所示。

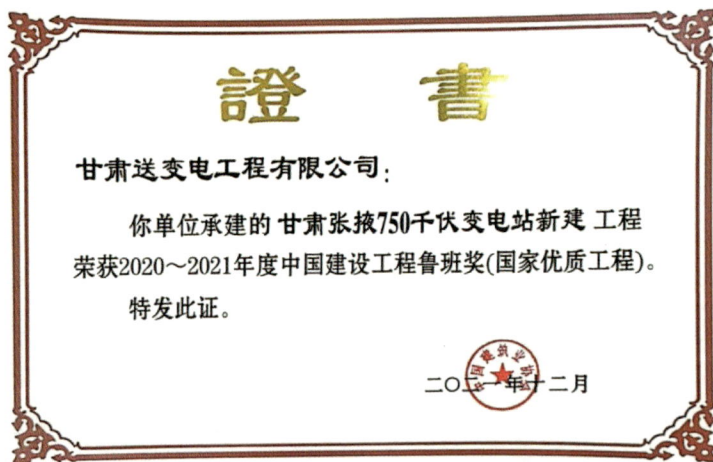

图 7-57　2020～2021 年度中国建设工程鲁班奖证书

工程获得 2021 年度中国电力优质工程，如图 7-58 所示。

工程获得中国电力规划设计协会优秀设计一等奖和甘肃省 2021 年度优秀工程勘察设计一等奖，分别如图 7-59 和图 7-60 所示。

图 7-58　2021 年度中国电力优质工程证书

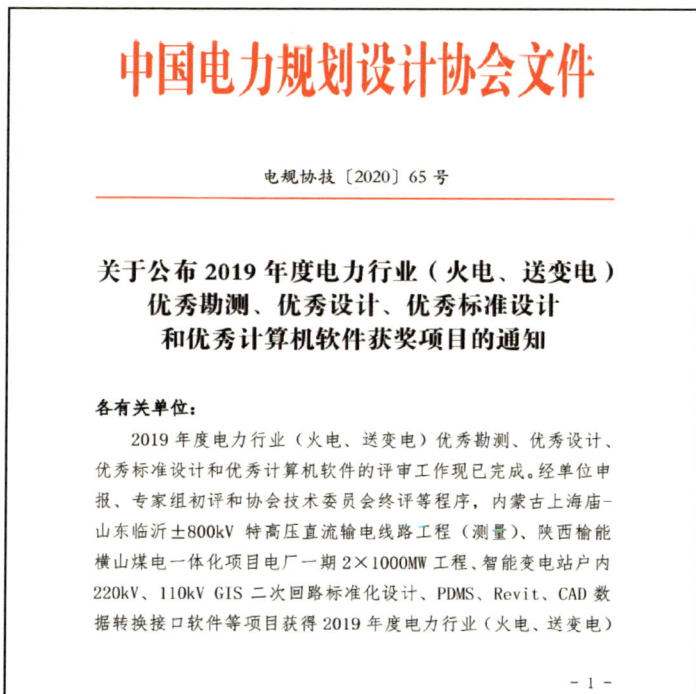

图 7-59　中国电力规划设计协会优秀设计一等奖

30	镇海-舟山 500kV 线路工程	浙江省电力设计院有限公司
31	750 千伏河西电网加强工程（甘肃河西第二通道）	西北电力设计院有限公司 甘肃省电力设计院有限公司 安徽省电力设计院有限公司 江西省电力设计院有限公司 广东省电力设计研究院有限公司 国核电力规划设计研究院有限公司 东北电力设计院有限公司 国网甘肃省电力公司

图 7-60　甘肃省 2021 年度优秀工程勘察设计一等奖

工程获得 2019 年度甘肃省建筑工程绿色施工推进推广竞赛活动优良工程称号，如图 7-61 所示。

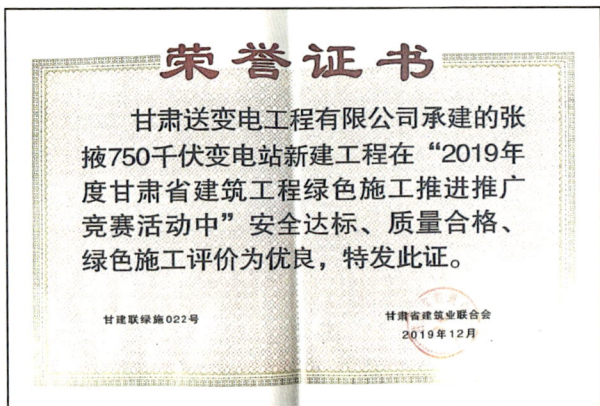

图 7-61　2019 年度甘肃省建筑工程绿色施工推进推广竞赛活动优良工程证书

工程获得发明专利 2 项，如图 7-62 所示。

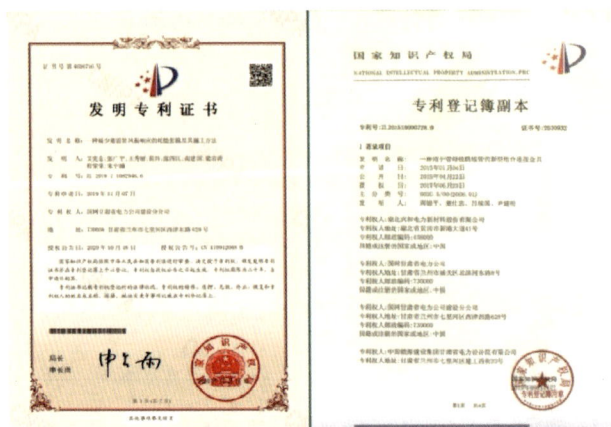

图 7-62　发明专利证书

工程获得实用新型专利 13 项，如图 7-63 所示。

图 7-63 实用新型专利证书

工程荣获国家科技进步奖二等奖 1 项，省（部）级科技进步奖 7 项，如图 7-64 所示。

图 7-64 国家、省部级科技进步奖证书

工程获得甘肃省工程建设省级工法一项，如图 7-65 所示。

图 7-65 甘肃省工程建设省级工法证书

工程获得 QC 成果奖 12 项，如图 7-66 所示。

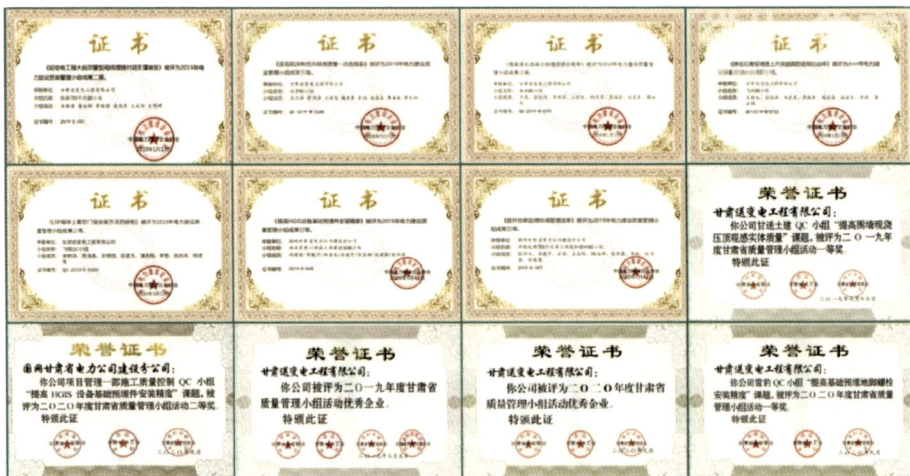

图 7-66　QC 成果奖证书

参编标准 6 项，如图 7-67 所示。

图 7-67　参编标准

第八章

质 量 管 理

第一节 国优引领，压实责任

工程以创国家优质工程奖为目标，按《国家优质工程评选办法》《鲁班奖评选办法》及国家电网公司创优相关要求，结合《国家电网公司输变电工程标准化管理手册》组织工程建设，强化工程质量的精益化管理，建立、健全工程质量管理制度。

工程坚持以目标规划为切入点、以过程控制为着重点、以建设成果为落脚点，立足"事前策划、事中控制、事后总结"的建设管理工作思路。加强过程质量的控制，以过程目标的实现来保证最终目标的实现。

工程创优策划分三个层次：业主项目部结合工程实际制定《750千伏河西电网加强工程创优策划》《张掖750千伏变电站创鲁班奖策划》；监理部在业主项目部的指导下，依据《750千伏河西电网加强工程创优策划》，编制《750千伏河西电网加强工程监理创优实施细则》，并报业主项目部审批；业主项目部组织设计、施工单位依据《750千伏河西电网加强工程创优策划》《750千伏河西电网加强工程监理创优实施细则》，分别制定《750千伏河西电网加强工程设计创优实施细则》《750千伏河西电网加强工程施工创优实施细则（二次策划）》，并报监理部、业主项目部审批，形成工程建设过程质量管理的依据性文件，做到有章可循。

"百年大计，质量第一"，业主项目部以工程创优策划为先导，成立了工程创优领导小组，成员由建设分公司、检修公司、信通公司及各属地供电公司副总经理等组成，细化分解工程各项质量目标，责任落实到各参建单位。

工程建立了业主项目部、监理项目部、施工项目质量管理网络，切实履行质量管理职责，采取有力措施，抓好全过程质量控制。

工程开工前，组织召开工程第一次工地例会，进行工程质量管理交底，进一步规范工作程序。业主项目部组织各参建单位共同学习国网甘肃省电力公司发布的达标投产考核、优质工程金银奖评选"否决项"清单及国家优质工程评选办法等，对存在达标创优"否决项"的关键工序严格落实"一票否决"，坚决推倒返工，建设单位与各参建单位分别签订"质量通病防治任务书"。同时，业主项目部召开创优专题会，重点对创优要求、强制性条文、规程规范等进行分析和讲解，统一认识，让参建单位能深刻领会创优的重要性。组织施工单位对工程创优实施细则进行讨论，进一步优化、编制各工序工艺策划方案，统一施工工艺；抓住设计龙头，在初设阶段即开展工程创优工作，要求设计全面运用新技术，开展新技术应用专项策划，及时将创优要求落实施工图纸和设计文件中。

第二节　样板引路，示范先行

业主项目部围绕事先策划、样板引路、过程控制、一次成优思路，有序落实工程建设强制性条文、标准工艺应用、质量通病防治、实测实量等措施，使工程质量始终处于受控状态。

施工过程中，采取示范先行、样板开路等方法，提高质量和改进施工工艺。每个分项工程开始前，对首基基础浇制、首座铁塔组立及首段放线等，分别组织集中观摩学习和交流，经各方检查总结经验后，再在全线路各标段开展大面积施工。

2019 年 1 月 10 日，业主项目部在甘 3 标段 Z3014 组织开展了首基基础浇筑试点工作，该基基础为 ZB30102 人工挖孔桩基础，桩径 1 米，桩长 6.6 米，混凝土方量 5.6 立方米，采用了预拌混凝土进行浇筑。

2019 年 5 月 8 日，业主项目部在甘 1 标段 G1036 组织开展了首基铁塔试组工作，该基铁塔塔型为 7A5－ZB1－42，全高 49.2 米，总重 31.253 吨。

2019 年 7 月 20 日，业主项目部在张掖 750 千伏线路工程开展首段导地线展放试点活动。

首基（段）试点现场严格按照国家电网公司输变电工程安全文明施工标准化设施配置的要求进行，做到危险区域与人员活动区域间、施工作业区域与非施工作业区域间、设备材料堆放区域与施工区域间使用安全围栏实施了有效隔离，安全围栏设置相应的安全警示标志。

通过首基（首段试点），要求各施工项目部注重采取成品保护措施：

（1）混凝土工程在没有进行隐蔽或进入立塔期间时，棱角处使用保护框防止施工时损伤棱角。

（2）塔材、金具等在装车运输时，用软质材料互相隔开，防止互相碰撞损伤构件表面防腐层。现场对钢构件检查验收后，恢复钢构件原有的出厂包装。

（3）尽量采用专用吊带吊装塔材，如采用钢丝绳时，应在构件连接处采取保护措施。

（4）张力场换盘压接导线或导线落地时，铺设彩条布，防止导线受到磨损。

（5）导线展放完成后，应适当调整相邻子导线间的弛度值，及时进行附件安装工作，防止导线鞭击造成导线损伤。

国网甘肃省电力公司和各参建单位主管领导、业主、设计、监理及施工项目部共同参加首基（段）试点工作，并在试点结束后召开试点总结会，就试点过程中的亮点和不足，各参建单位进行讨论和交流并形成会议纪要，下发全线遵照执行，为工程创优树立样板。导地线首放工艺试点观摩如图8-1所示。

图8-1 导地线首放工艺试点观摩

张掖750千伏变电站秉承策划先行、样板引路、过程控制、一次成优的理念，全面打造精品工程，坚持每道工序施工前，进行实物样板，记录施工工艺流程及过程参数，形成标准作业卡，同时开展作业层班组交底，确保按照样板实施。基础抹面标准工艺如图8-2所示。

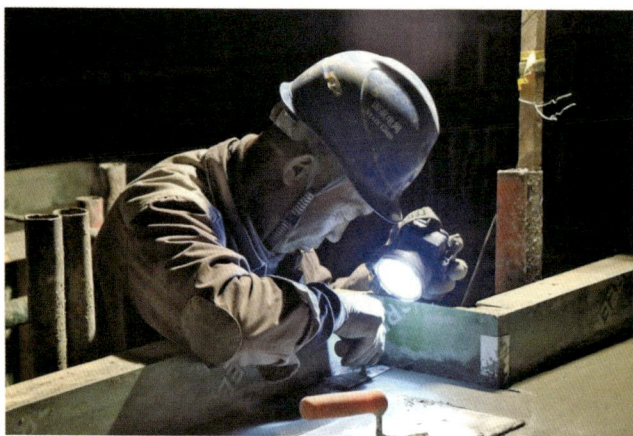

图 8-2　基础抹面标准工艺

第三节　八个抓实，实测实量

业主项目部通过抓实质量终身责任制、材料物资质量管控、施工过程质量管控、质量逐级验收、质量抽查监督（实测实量）、质量通病防治、工程达标创优、质量专业队伍建设（简称"八个抓实"），推动工程质量管控责任有效落实、质量通病问题有效治理、整体质量水平稳步提升。

一、抓实质量终身责任制

依据国家法律法规，明晰公司各级单位及项目业主、监理、施工、勘察、设计、物资各方的质量责任，纳入相关合同条款，强化建设管理单位（监理单位）的首要责任和勘察、设计、施工单位的主体责任。

开工前，业主项目部将建设质量五方责任主体项目负责人姓名、身份证号码、执业资格、所在单位法定代表人授权书及工程质量终身责任承诺书报质量监督机构备案。

二、抓实材料物资质量管控

本工程严格执行设备物资到货五方（业主、监理、施工、厂家、物资）联合验收工作制度，认真查验设备物资规格、型号、技术参数、质量技术文件等。加强设备质量检测验收管理，依托技术监督单位，提升建设管理单位设备质量检测能力，加强设备开箱检验工作深度，确保设备供应商提供的设备、附属设施及安装说明满足电气设备安装相关施工验收规范要求，及时发现设备质量缺陷和隐患，减少不合格、缺陷设备进入安装环节，防止"先天性"通病发生。

业主项目部物资组明确设备安装主体责任是施工单位，设备供应商负责技术服务与指导。针对主变压器、高压、HGIS 等主要设备，业主项目部组织施工单位与设备供应商签订了有关协议，明确安装职责界面及分工配合要求，监理项目部负责现场监督落实。

三、抓实施工过程质量管控

业主项目部负责标准工艺实施的管理工作，在工程合同中明确标准工艺实施的目标、具体要求及奖惩条款。明确标准工艺应用计划、管理目标及管理措施。组织标准工艺实施的宣贯、培训和经验交流。组织设计、监理、施工项目部开展工程项目标准工艺实施情况的检查、验收、评价、考核。工程开工前，业主项目部下发《750 千伏河西电网加强工程施工工艺统一规定》《张掖 750 千伏变电站新建工程施工工艺策划》，为工程标准工艺的执行打下基础。

在施工方案的执行方面，业主项目部着重落实施工单位质量管理部门对施工方案审核把关职能，重点审查方案中进度安排合理性、施工工艺流程、关键技术要点等，同时邀请行业内外专家对岩石基坑爆破、深基坑作业、大吨位吊车临近带电线路组立铁塔、变电站构架吊装等专项施工方案进行专题审查和论证，从施工措施源头筑牢质量管控基础。同时业主项目部狠抓施工方案质量保证体系人员履职、质量保证措施有效执行，落实材料供应、进场验收及检测检验要求，杜绝质量控制措施"两张皮"现象。

在线路途经戈壁荒漠地区地段，开展大吨位吊车组立铁塔研究，减轻高处作业工作量，提升铁塔螺栓一次紧固率。加强导线压接质量管控，严格按照规程规范及《国网甘肃省电力公司建设部关于进一步加强导线压接工艺质量控制要求的通知》的要求，对导线压接质量进行控制。主要加强压接用电力脂质量控制，加强压接人员的培训，加强压接管、耐张线夹等进场验收，加强压接施工工艺控制，严格压接工艺试验，做好架线施工防腐蚀措施等。

架线施工开工前，业主项目部组织全线开展导线压接工艺劳动竞赛活动，大大提升各施工标段的导线压接质量工艺水平。施工过程中，业主项目部对导线的压接施工进行动态管理，对不满足要求的操作人员重新组织培训或撤离岗位，从源头上把好导线压接质量关。河西电网加强工程导线压接技术竞赛如图 8-3 所示。

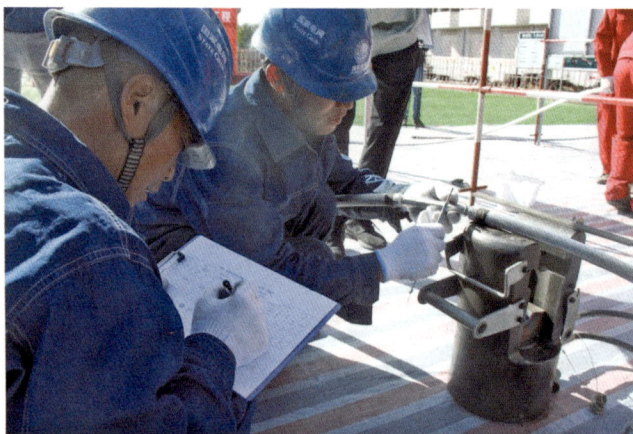

图 8-3 河西电网加强工程导线压接技术竞赛

各分部工程开工前，要求施工项目部除进行常规的技术交底外，还要明确详细的施工工艺和创优要求。分部工程施工开始时，先进行实体样板施工，经过对样板的检验和优化后，再进行大规模的推广；后续施工过程中，利用数码照片等手段加强过程检查监督，及时进行总结评估，不断纠偏，同时开展第三方质量监督抽查实测实量工作，不断提升质量及工艺应用水平。

在张掖 750 千伏变电站施工过程中，所有 HGIS 安装作业现场安装了温湿度、洁净度实时检测设备，实现对环境条件的实时查询和自动告警，确保安装环境符合要求。同时强化安装记录管理，规范设备安装工序交接及厂家验收程序，确保"对本道工序负责、对上道工序监督、为下道工序服务"。强化监理监督履职，严格落实监理现场监督、旁站及见证责任。

四、抓实质量逐级验收

严格执行国家建设工程质量验收统一标准，优化输变电工程质量验收流程，缩减验收层级，取消监理初验和业主中间验收环节。施工单位负责做实三级（班组、项目部、公司）质量检验，监理单位负责组织有关单位做实检验批、分项、分部工程质量验收，建设管理单位负责组织有关单位做实单位工程验收、竣工预验收、启动验收。

注重隐蔽工程验收，突出施工关键环节，实测实量，隐蔽工程经监理验收合格、同意隐蔽后方可进入下道工序施工，监理项目部严格按照标准化手册的要求进行验收，并签署意见，确保施工质量始终处于受控状态，如图 8-4 所示。

图 8-4　实测实量，确保工程施工质量

五、抓实质量抽查监督

　　根据国家电网公司统一发布实测实量项目及仪器配置推荐清单，各参建项目部结合工程实际，配备了经纬仪、回弹仪、钢筋探测仪、测厚仪等必要的实测实量工器具。

　　业主项目部委托甘肃众联建设工程科技有限公司，在工程基础施工阶段，对冬季施工混凝土强度、钢筋数量、钢筋保护层厚度、基础结构尺寸进行了实测实量抽检，在铁塔组立阶段对铁塔主材的弯曲度、截面尺寸（即宽度、塔材厚度及塔身的结构性倾斜度）进行了实测实量抽检，抽检结果均满足设计图纸及规程规范的要求。变电站主要针对主控楼梁高、层高、结构柱的垂直度及钢筋数量、变压器基础、GIS 基础、高压并联电抗器基础混凝土强度、钢筋保护层厚度及钢筋数量、钢结构厂房防火材料覆层厚度、消防信号的联动报警功能、主设备接地的导通性、变电站构支架螺栓紧固力矩值进行了实测实量抽检，抽检结果均满足设计图纸及规程规范的要求。

　　工程参建施工单位通过阶段性公司专检监督施工项目部、班组质量责任是否履行到位、质量行为是否规范、抽查工程实体质量是否受控。监理项目部通过检验批、分部、分项验收等监督施工单位质量责任是否履行到位、质量行为是否规范、抽查工程实体质量是否受控。

　　各级质量抽查监督开展实测实量，用数据说话，有效验证工程实体质量及质量管理行为，复核检验批、分项、分部及单位工程验收工作真实开展情况。

　　河西走廊 750 千伏第三回线加强工程经国家行政主管部门核准（批准），文件齐全。工程开始前，业主项目部即按照程序向甘肃省电力工程质量监督中心站提出注册申请，在工程建设过程中，及时申请并接受质监部门的分阶段监督检查工作，按照专家意见书反馈的问题进行闭环整改，在接到转序通知书后才进入下一个分部工程的施工。质量抽查监督开展实测实量如图 8-5 所示。

图 8-5　质量抽查监督开展实测实量

六、抓实质量通病治理

　　各参建单位根据国家电网公司发布的通病防治清单及指导手册，强化质量通病防治措施的落实，尤其是对可能影响安全运行的施工安装质量缺陷进行重点防治。

　　现场业主项目部加强施工过程日常质量巡查、检查，依据相关规定形成检查记录或整改通知单，并监督施工单位及时做好闭环整改。各单位结合"四不两直"督查结果，对现场施工质量及时进行闭环整改。

七、抓实工程达标创优

　　省公司按照国家电网公司优质工程标准对本工程严格开展达标投产考核，业主项目部积极与生产运行部门沟通，协调做好工程投运后的达标创优工作。对工程验收提出的尚未处理的遗留缺陷，业主项目部组织力量尽快进行处理，保证"零缺陷"移交。依据工程达标创优工作要求和程序，及时组织自检、复检等工作。工程达标投产复检如图8-6所示。

图8-6　工程达标投产复检

八、抓实质量专业队伍建设

业主项目部督促各参建单位确保质量管理岗位人员配置到位、能力达标。工程开工前，业主项目部组织监理、施工项目部主要管理人员对现行主要规程规范、通用制度、标准工艺目录，组织开展专题学习，对重要技术标准、文件要求进行系统讲解、深入解读，方便现场操作、执行。

结合"一人一卡"实名制管控要求，业主项目部建立工程质量责任主体单位、项目负责人、各级质量验收人员数据库，统一管理评价。应用安全质量责任量化考核，加强各级质量管理人员、项目部和班组质检员履职能力的考核评价，建立考核淘汰机制。履职能力考核如图8-7所示。

图8-7　履职能力考核

第四节　工程验收"零缺陷"

一、验收依据

本工程各级质量验收应严格按照《国家电网公司输变电工程验收管理办法》[国网（基建/3）188-2019] 要求执行，各级验收比例不得低于该办法要求的验收比例。

二、验收创新

业主项目部在线路工程中推行示范段验收办法，即各标段首段架线完成并消缺后，邀请运行单位对该架线段依据竣工验收标准进行验收，对验收提出的缺陷以及歧义问题，业主项目部与运行单位进行充分沟通和协商，对后续其他架线段的施工起到标杆和引领作用，降低全线大面积消缺和返工工作量，在变电站工程推行运行人员在土建施工阶段即进入变电站，进行阶段验收，随时协调解决验收存在的问题，减少竣工验收时与运行单位的扯皮现象，为一次成优和"零缺陷"移交奠定良好的基础。

三、验收消缺

对验收中发现的问题和缺陷，由工程验收组组织运检单位、建设责任单位、监理单位、设计单位签字确认。责任单位负责整改消缺，整改消缺完毕后工程验收组组织复查，由运检单位、建设责任单位、监理单位、设计单位签字确认。

为加强各级验收消缺管理，防范质量缺陷或问题在下一环节重复出现，业主项目部要求监理及施工项目部建立验收消缺机制，将验收缺陷逐条分解到人，明确消缺人、检查人，切实做到层层到人、逐级落实，确保缺陷消除不留死角。

四、验收管理

在各级验收监督管理方面，业主项目部通过现场"四不两直"督查、单位工程验收、竣工预验收、启动验收监督参建单位质量责任是否履行到位、质量行为是否规范、抽查工程实体质量是否受控。

国网甘肃省电力公司通过现场"四不两直"督查、达标投产考核、优质工程金银奖初评等方式，监督建设管理单位质量责任是否履行到位、抽查工程实体质量。

业主项目部在过程质量验收、启动验收、达标投产、创优检查中未发现存在质量管控责任不落实、存在功能性缺陷或影响安全运行等问题。业主项目部日常开展验收工作如图 8-8 所示。

图 8-8　业主项目部日常开展验收工作

第九章

造 价 管 理

第一节　工程建设技经管理体制

河西走廊 750 千伏第三回线加强工程以业主项目部为依托,配置相应技经管理人员,甘肃建设分公司全面负责工程技经管理工作,下设技经管理负责人、技经管理专责及咨询机构团队,如图 9-1 所示。

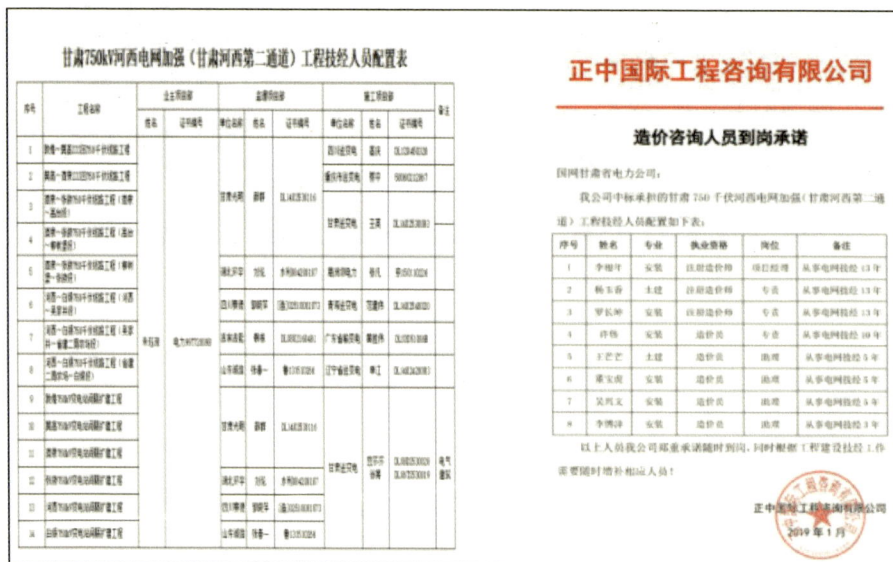

图 9-1　工程建设技经配置

第二节　造 价 管 理 开 展

河西走廊 750 千伏第三回线加强工程自开工以来,甘肃建设分公司认真贯彻落实国家电网公司、国网甘肃省电力公司的要求，紧紧围绕工程造价控制的科学管理目标，加强工程技经管理工作的组织协调，各项技经工作按照里程碑计划有序推进，保证了工程顺利完成竣工结算、决算。

（1）提前介入，加强造价管控。工程开工前积极参加可研、初设评审、施工监理招标文件审查，提出了本工程实施阶段可能存在的问题和处理建议，对工程施工过程中合理避免风险起到了积极作用。组织各参建单位开展建设管理培训交底，特别强调工程合同管理、结算管理、依法合规建设等要求。

（2）加强协调，降低风险。工程建设期间，每月组织召开月度协调会，对建设过程中遇到的问题和困难予以讨论，及时发现问题，及时解决问题，提高工作效率，按时完成工作。

（3）强化设计，优化造价。技经人员加大与设计单位的协调力度，对设计进度进行严格控制并及时跟踪，并针对设计过程中存在的主要问题，定期召开设计座谈会，及时解决急难问题，确保工程施工、结算不受设计影响。工程后期积极开展竣工图审查，解决工程遗留难点问题，消除结算与图纸差异，减少审计风险。

（4）精准筹划，保障物资。确保工程进度不受影响，保证塔材及主设备及时供货，技经人员积极协调物资供应厂家设备材料量的统计与设备材料款的预算，确保施工投入及物资排产计划不受资金制约。

第三节　完成造价目标采取的主要措施

合理工程造价是对工程安全质量的主要保障因素之一，河西走廊750千伏第三回线加强工程技经管理工作始终把加强工程造价管理、控制工程投资放在重要地位，未因控制工程投资而降低建设标准或影响工程质量。

技经人员在工程实施过程中对施工项目部编制的工程各阶段及每月投资计划进行审核，提出调整建议并督促执行；在熟悉本工程施工图纸、招标文件、建设合同、工程概预算资料的情况下，分析承包合同价构成，针对费用易突破的部分明确投资控制重点；同时对设计、施工、工艺、材料和设备等多个方面做技术比较，挖掘节约投资、提高经济效益的潜力，始终将设计优化作为最大的节约进行重点关注。

一、加强造价管理的具体措施

在合同签署前组织国网甘肃省电力公司系统内技经及合同管理方面的专家，

对施工合同条款进行集中审核，与设计、施工、监理单位及时沟通，确认合同的有关条款，进一步完善合同专用条款，有效规避并降低了合同风险。

配备专业齐全的咨询团队，实时精准服务。发挥专业齐全、能力对口、多行业经验丰富的咨询团队优势，积极协助技经专职和建设管理单位工作。深入项目现场，参加例会，掌握实际情况，及时提出咨询意见，降低事后咨询对既成事实问题补救处理的难度。

本工程招投标采用了《输变电工程工程量清单计价规范》（Q/GDW 11337—2014）进行施工投标报价，施工项目部严格按照计价规范要求，编制上报每月工程量报表及工程进度款，于每月提交监理审核后报业主项目部。严格执行工程量报审流程，业主项目部及时将经监理确认的工程量提供至咨询单位进行审核，确认无误后，甘肃建设分公司进行拨付。分部结算结束后及时参与甲供物资结算，确保最终施工图纸量、计算量、物资结算量一致。

设计变更通知单须经技经专业会签，并附工程量变化统计表，送达现场的联系单须经监理审核会签后才能实施，未经监理签证不得施工。监理对联系单引起的造价变化加以审核和控制，建设单位核定费用及工期的增减后，列入工程结算。

严格按已审批的初步设计进行施工图设计和提交设计工程量文件，加强设计单位内部审查流程，本工程未发生超标准设计。

甘 2 标段现场勘查挡水墙及修路如图 9-2 所示。

图 9-2　甘 2 标段现场勘查挡水墙及修路

二、工程投资控制的其他事项

工程执行国家电网公司清单计价规范、电力行业定额、计算标准与规定、工程概预算文件等。充分利用国家电网公司定额总站、甘肃电网建设定额站和地方价格信息发布平台，结合本工程设备材料预算价、编制年价差、招投标采购价等价格信息，及时掌握国家调价政策及对照本工程的适用性，确认合理造价。严格审核施工项目部提交的工程预结算书，公正地处理施工单位提出的索赔。

三、资金管理

业主项目部设立技经财务组，负责上报资金计划、审核工程进度款、结算等造价控制及财务审核等工作。

工程资金计划的申请使用严格执行相关流程，施工项目部进度款申请必须经审核，对照中标总价结算工程款后，按照合同条款进行支付。

依据里程碑计划合理编制年度投资、资金计划，按时审核施工、监理单位报送的进度款报审表，编报工程月度现金流预算，提高资金报送准确性，合理安排资金支付，及时反映工程进展情况，动态落实投资完成情况。

业主项目部负责组织监理项目部和施工项目部每月 23 日之前按照国网甘肃省电力公司基建管控和 ERP 信息平台要求，编制固定资产投资月报台账上报省公司发展策划部。

第四节　工程造价管理亮点及成效

1. 加强培训，提高技经管理能力

为了确保工程技经管理工作目标的实现，持续提升技经管理成员的综合素质和管理水平，工程开工伊始，就着手组织全体技经成员重点围绕基建工程技经管理流程、分部结算工作部署、技经管理风险分析、安全文明施工措施费用的专项管理、标准工艺应用对造价影响分析、工程档案及数码照片管理等内容进行了系统培训，进一步落实了人员的技经管理职责，规范了技经管理流程，推进了项目建设过程技经专业化管理，提高了技经管理水平。

2. 梳理技经管理制度流程，开展建章立制工作

本工程点多面广、参建单位多，管理水平参差不齐，管理工作难度较大，为了更好地落实各参建单位的技经管理职责，达到统一管理流程、统一规范、统

一标准的要求，国网甘肃省电力公司在原有的工程技经管理制度及流程的基础上，结合国家电网公司最新下发的基建管理制度，梳理和完善项目部内部技经管理、结算质量过程管控、分部结算进度计划管理及综合评价等多项管理制度，进一步明确了工程建设各阶段的技经管理内容和流程，推进了技经工作标准化管理体系建设。项目部组织机构及目标如图 9-3 所示。

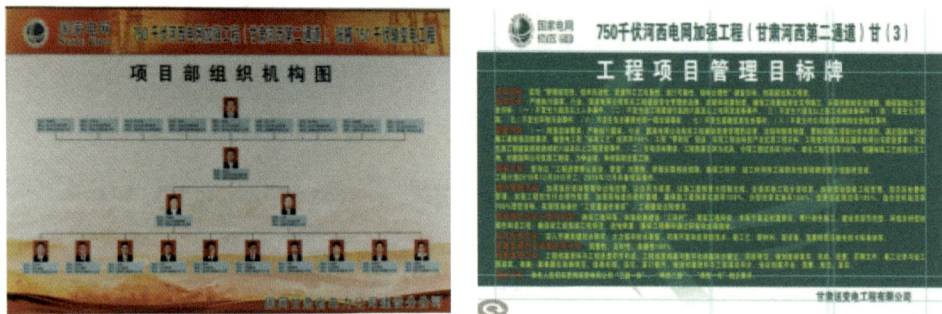

图 9-3　项目部组织机构及目标

3. 注重工程分部结算管理工作

（1）明确三个项目部造价管理的职责和体系。

（2）制定详细的工作方案，包括造价管理内容、管理目标、管理要求、管理流程、管理重点（难点）及解决方案、人员配置等。加强专业协同管理，处理好工程建设管理与造价管理，使两者能够相辅相成。

（3）项目开工前，业主项目部结合工程建设进度，细化分部结算实施计划，确定分部结算资料编制、分部结算审核时间节点，确保各阶段结算工作能够按时完成。

（4）组织进行合同交底工作，2019 年 4 月在业主项目部会议室重点对施工范围、投标人采购材料范围、价格调整、计量与支付、履约要求及违约责任等内容进行解读，并对该工程建设场地征用及清理费用的使用，依据合同着重进行宣贯，使各单位现场人员充分理解合同造价有关条文，提前预防技经管理风险，降低工程造价成本。

（5）加强专业协同管理，确保造价管理到位不越位。明确甘肃建设分公司、业主项目部、设计院、监理公司、施工单位及造价咨询单位在造价管理上的职责及分工。

（6）项目部对施工过程中形成的相关文档、协议、图纸、图表、照片、声像等工程资料均收集完整，随时为各项工作调取使用，为分部结算提供支撑依据。

4. 充分发挥工程结算咨询单位作用

为加强业主项目部工程建设过程造价管理力量,通过公开招标方式确定专业的造价咨询公司,协助开展工程结算编制、审核等建设过程造价服务工作。分部结算费用审定表及分部结算审价报告如图9-4所示。

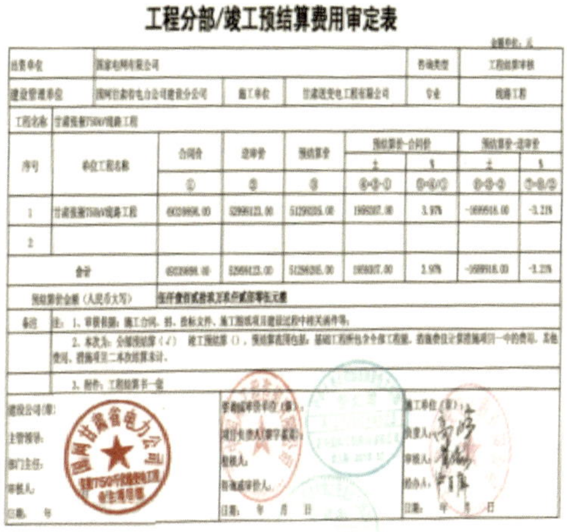

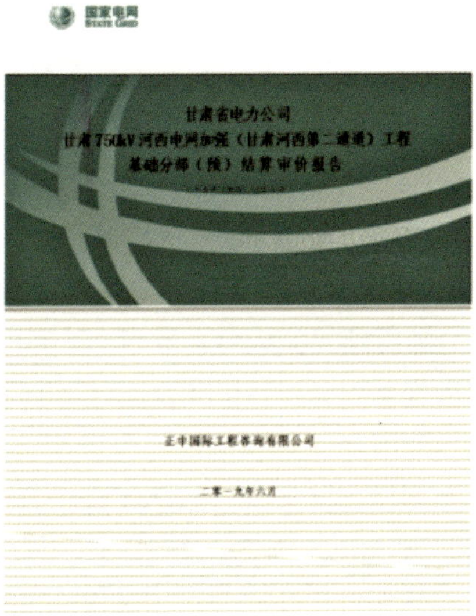

图9-4　分部结算费用审定表及分部结算审价报告

咨询单位在分部结算前期,开展清标工作,为分部结算和竣工结算打好基础。对工程实施所签订的所有合同(含补充协议)的执行情况、结算内容是否与实际工程相符、工程量是否准确、设计变更和现场签证等的真实性、合理性进行预审核,以确保工程造价管理依法合规。

5. 加强信息系统数据录入工作

加强河西走廊750千伏第三回线加强工程基建管理信息系统数据录入工作,确保各监理、施工项目部数据录入的完整性、准确性、及时性;国网甘肃省电力公司建设分公司先后组织各监理、施工项目部召开基建信息管理系统培训班及基建信息管理系统协调会议,明确各施工、监理项目部基建信息管理系统录入专职人员,规范信息录入的种类以及录入的及时性、准确性。

6. 档案闭环管理

工程伊始,要求各施工、监理项目部按照标准化工作手册的内容,对施工过程中所产生的档案资料及时进行收集、整理,并且要与工程进度同步进行。对各施工、监理项目部整理的工程档案定期进行检查,对存在的问题进行通报。

督促各施工、监理项目部定期进行整改，并针对整改结果进行复检，最终形成档案的闭环管理，从而确保工程档案的完整性、及时性、准确性，为后续工程结算奠定基础。

7. 建立有效的工作联系机制

坚持今日事、今日毕的原则，每日召开碰头会、每月召开协调会，及时协调解决现场施工关于结算的具体问题。加强工程结算信息报送，建立工程周报制度，并建立电话通信系统，确保工程技经管理畅通高效。

8. 加强图纸管理，奠定结算基础

阶段性工程完工后，设计院以光盘形式提供 PDF 版图纸，加盖设计院公章，施工项目部在规定的时间对完工合格工程按分部结算计划进行工程量报审，结算审核单位、施工单位、设计单位、监理单位根据设计院提供的 PDF 版图纸单独进行工程量计算，计算完成后及时组织在施工现场进行五方核对，形成五方确认成果文件。

分部结算完成时，做到"工完、量清"。由结算审核单位将光盘中的 PDF 图纸进行蓝图缩印，将五方核对后的工程量计算底稿用 A4 纸打印，用双面胶粘贴在对应的缩印蓝图上，加盖设计单位、监理单位、施工单位、业主项目部及造价咨询单位骑缝章。历次分部结算备注工程量计算的范围及日期，责任界面清楚明晰，当次分部结算与下次分部结算的工作界面不交叉，避免下一阶段分部结算漏项、重复计列、图纸版本混乱不清等系列问题。分部结算成果资料由结算审核单位统一保管，在工程竣工后移交业主单位归档。避免归档图纸量与结算工程量存在偏差，造成审计风险。分部结算成果资料如图 9-5 所示。

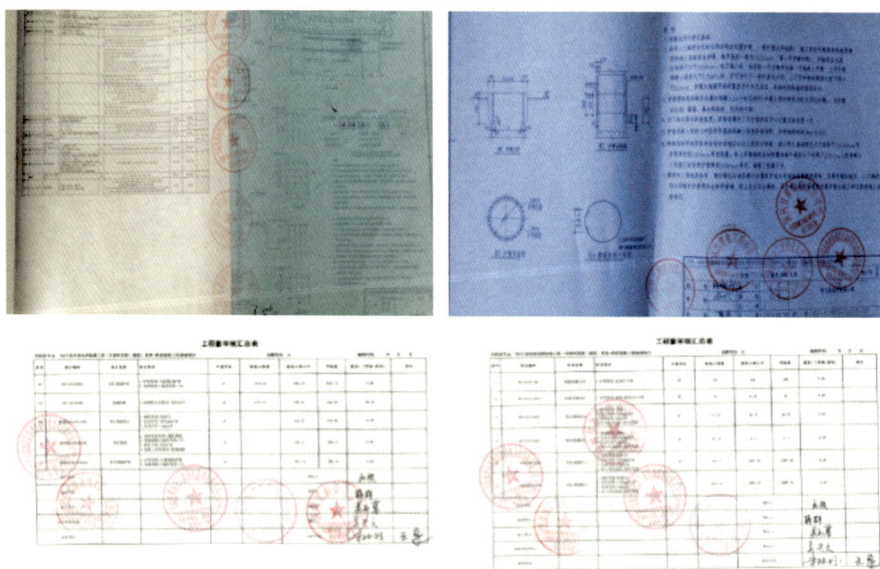

图 9-5　分部结算成果资料

9. 加强资料管理，确保准确性及时效性

本次过程结算审核时发现，签证支撑资料提交时存在资料不及时、不齐全的情况，为了确保后续工程过程中签证资料的准确及时效，编制、下发报审资料模板，严格执行国家电网公司关于现场签证管理办法，建立签证收发及审批流程台账，避免后期资料过多导致遗失，顺利开展后续结算工作。

10. 工程造价管理取得的成效

在项目投产不到一个月的时间里，通过有效的技经管理，甘肃建设分公司组织完成竣工预结算编制审核工作，上报国网甘肃省电力公司，本工程批准概算动态投资共计 346 657.883 6 万元，（预）结算金额共计 321 937.469 1 万元，较批准概算结余 24 720.414 5 万元，结余率为 7.13%。

河西走廊 750 千伏第三回线加强工程造价总体控制在批准概算之内，满足精准管控合理区间的要求。在基建系统内、外部专业的大力支持和配合下，获得了高质量的技经成效。

关键环节管控，实现精细化管理。开展全套施工图及预算集中审查，夯实预算的技术基础；落实精细化管理制度，强化工程建设交底，制定策划方案，强化源头控制；重点部位开展结算复核，全面实施结算监督机制，构建常态化现场过程造价控制，提升工程质量管控。咨询单位内部全面复核，提高结算质量。

严控施工图预算管理，招标施工图与全口径施工图的变化，按专业节点办理一项工程总设计变更，工程量增减办理《施工图量差表》，变更审批程序依据《设计变更与签证管理办法》[国网（基建/3）185-2017] 的要求履行相关手续，委托造价咨询单位完成结算审价的输变电工程，设计变更在业主项目部、业主或项目法人单位签署确认前必须由造价咨询机构进行审核，并签署意见，作为工程结算的依据。

全面推进造价管理"八个转变"。结合工程转序，积极推进分部结算管理，工程设计变更与现场签证实行"一报一审"制度。以问题为导向，全面梳理工程建设的技经管理风险点，提出解决建议，做到"事前、事中控制"，并统一结算编制、审核内容和形式，提升结算工作标准化，提高甘肃地区电网工程技术造价管理工作水平。

第十章

物 资 管 理

第一节 物 资 供 应 概 况

"兵马未动，粮草先行"，河西走廊 750 千伏第三回线加强工程物资保障开创了甘肃省 750 千伏群体工程物资保障的新纪录，物资供应保障工作在工程建设中起到关键性作用。河西走廊 750 千伏第三回线加强工程物资合同总金额 17.76 亿元，物资合同 451 份，涉及供应商 139 家，物资履约地点遍布酒泉、张掖、武威、金昌、白银等 15 个施工材料站。

第二节 职 责 分 工

甘肃建设分公司物资组（简称为物资组）超前谋划，在工程立项后就积极向国网甘肃省电力公司物资部汇报，争取在人员调配和管理机制上的扶持。2018年 9 月初，在工程开工前，国网甘肃省电力公司物资部先后下发了《国网甘肃省电力公司物资部关于组建 750 千伏河西电网加强工程物资供应项目部的通知》（物资〔2018〕17 号）和《国网甘肃省电力公司物资部关于调整 750 千伏河西电网加强工程物资供应项目部的通知》（物资〔2019〕2 号），率先成立了河西走廊 750 千伏第三回线加强工程物资供应项目部（简称物资项目部）。

物资项目部经理由国网甘肃省电力公司物资部副主任亲自挂帅，副经理分别由甘肃省物资公司和甘肃建设分公司分管领导担任，成员包括物资部合同计划处、供应质量处、物资公司供应部、甘肃建设分公司物资室等相关处室和部门负责人及专责，物资项目部下设酒泉、张掖、武威、白银四个现场工作组，现场工作组与业主项目部的各管段合署办公。物资项目部职责明确，高效顺畅，主要负责协调工程物资供应中存在的重大问题，指导各现场工作组开展工作；

编制物资供应计划；建立与本工程业主项目部及各参建单位和供应商的沟通协调机制，确保物资供应信息畅通高效。

现场工作组的主要职责是：负责开展物资生产进度核查、履约协调、到货开箱验收、现场服务和履约评价等工作；负责现场物资的接收、核查等工作；负责现场物资相关信息的收集与上报；负责落实工程物资项目部各项要求。按照现场工作组与业主项目部的各管段合署办公要求，现场工作组应用业主项目部设备及设施，制作应有的制度牌及宣传标识。明确职责分工、统一业务标准，统筹管控协调，合理配置资源，实现物资供应安全、及时、顺畅、高效。

第三节　物资供应难点

河西走廊750千伏第三回线加强工程物资合同金额大、涉及供应商多、履约地点多，工程建设时间紧、任务重，物资组人员严重不足。2019年，张北一雄安等多个特高压重点工程密集开工建设，各供应商产能普遍饱和，铁塔、变压器等高电压设备均出现了供货困难，物资供应一度成为制约工程进度的瓶颈。为了打破瓶颈制约，物资项目部以时不我待的紧迫感，主动出击，到厂家"抢货""抢排产进度"。

物资组对所有供应商的生产能力进行了详细摸排和研判，分三个组对52家交货困难的供应商到厂巡查监督，及时发现和解决供应商生产中存在的问题，合理制订排产计划，并让供应商现场签订供货时间承诺书，对排产滞后的17家供应商及时要求整改。

为了随时掌握供应商生产和发运情况，建立了铁塔、钢构架、线路材料、330千伏及以上主设备的生产进度日报表制度，每天收集、汇总和监控，对出现供应预警的厂家，第一时间上报国家电网和省网两级物资调配中心；对供货严重滞后的供应商，及时组织约谈，共集中组织供应商约谈8次，驻厂催交催运5次，涉及供应商22家，参加总部组织约谈会5次，省公司组织约谈会6次。通过生产巡查、驻厂催货、电话或书面催货、供应商约谈等多种方式，河西走廊750千伏第三回线加强工程物资供应保障工作有序推进。加强工程物资巡查会议如图10-1所示。

由于工程紧急、初设招标，物资招标计划数量与实际使用数量不一致，为了尽可能避免工程物资出现结余和浪费，物资组依法依规、合理有效地运用物资管理相关制度规定，及时督促业主项目部做好物资合同变更和物资现场调配利库。工程结算前，累计完成物资合同变更 49 份，解除物资合同 3 份，合同变更金额 987.68 万元；物资现场调配 27 项，现场利库金额 295.15 万元，有效避免物资结余 1282.83 万元。

图 10-1　加强工程物资巡查会议

第四节　物资履约管理

充分发挥物资供应项目部作用，通过微信工作群与国网甘肃省电力公司建设部、物资部及甘肃省物资公司建立物资重大问题随时沟通协调机制。甘肃省物资公司及时反馈中标结果，物资组第一时间通知中标厂家和业主项目部及时召开设计联络会，督促和协助供应商限期签订物资合同，并跟踪供应商备料、排产等情况。为掌握物资现场到货和服务情况，更好地配合业主项目部工作，物资项目部从国网酒泉、张掖、武威、白银供电公司抽调物资人员，分四个片区常驻业主项目部，开展物资到货验收、售后服务协调、物资质量抽检取样等工作，特别是在张掖 750 千伏变电站验收前两个月，每晚 7 时，物资项目部派人参加业主项目部组织的现场协调会，对物资方面存在的 130 多项问题进行逐一落实、销号，每天向业主项目部书面反馈落实结果，做到"日清日结"。物资项目部人员经常到各项目部施工现场，主动征求业主、监理、施工等各方意见，及时化解物资方面存在的问题。设计联络会召开现场如图 10-2 所示。

图 10-2 设计联络会召开现场

为了保证河西走廊 750 千伏第三回线加强工程物资供应项目部工作高效顺畅，物资组建立了六个物资履约工作保障机制：

（1）日常沟通机制。物资项目部建立河西走廊 750 千伏第三回线加强工程物资通讯录和微群组，汇总管理部门、建设管理单位、监理、施工、供应商和物资组人员联系方式，并及时更新，发送至相关单位，确保日常沟通及时、顺畅。

（2）例会协调机制。现场工作组每周召开碰头会，回顾前一周的工作情况，明确下周工作任务，讨论存在的问题；根据物资供应情况，不定期组织参建单位、供应商召开物资供应协调会，及时将疑难问题整理汇总并上报物资项目部。

（3）信息报送及反馈制度。现场工作组每周编制《河西走廊 750 千伏第三回线加强工程物资供应周报》，向相关单位通报物资供应信息；在到货和安装调试较为集中的阶段，每天通过短信、微信等形式向各单位通报物资供货情况及现场需要协调解决的问题；每月对供应商履约问题进行分析，对需要进行考核的厂商提出违约事实和处理意见，并提交省物资公司质量监督部进行考核和评价。

（4）工作联系单机制。物资项目部根据工作需要编发工作联系单，与相关单位及供应商协调工作中的重要事项。

（5）生产巡查机制。为提高履约效率和对供应商的管控能力，物资项目部组织实时开展生产巡查工作。

（6）物资供应计划管控机制。建立物资供应计划管控机制，将物资供应计划、生产、发运、交接验收等纳入统一管理；现场工作组统一组织排产，在物资生产完成具备发货条件后，通知供应商发货，并及时协调相关单位进行交接验收；物资供应计划变更物资合同签订后，根据现场实际工程进度，需要延迟或提前变更交货时间的，必须进行会议协商确定，并形成会议纪要，由现场工作组提交甘肃省物资公司进行变更，变更确认后统一由现场工作组书面通知供应商，其他参建方不得随意通知供应商变更交货时间和交货方式。

第五节　物资质量监督管理

为了避免因物资质量问题造成物资返厂换货而延误工期，物资组创新工作思路，超前管控，将物资质量抽检工作向前延伸，由原来到货抽检优化为组织第三方检测机构到厂抽检；同时，对监造范围之外的重要设备，组织甘肃电科院和甘肃检修公司开展出厂试验关键点见证。

在物资到货前，组织相关单位对 12 家铁塔和钢构架供应商完成厂内抽检，累计试验样品 42 件；对导线、金具、绝缘子等线路材料组织到货现场取样、封样、送检试验 40 次，基本覆盖了所有线路材料类供应商。场内抽检如图 10-3 所示。

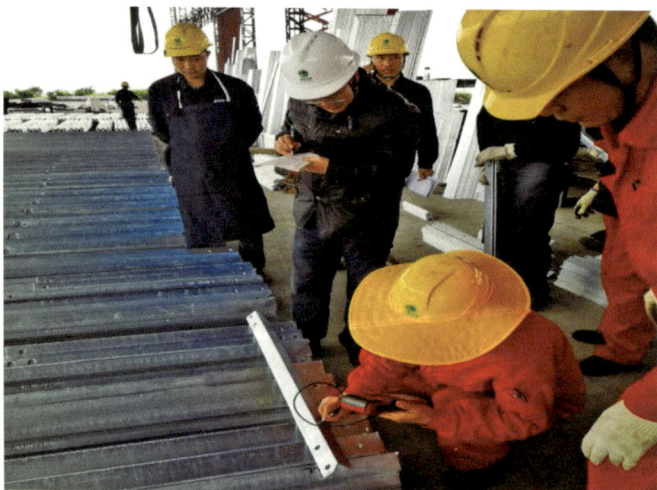

图 10-3　场内抽检

协调甘肃省物资公司委托监造单位开展 750 千伏变压器、断路器、隔离开关、组合电器等主设备监造 37 次，对 750 千伏和 330 千伏避雷器、互感器、支柱绝缘子及 66 千伏和 35 千伏变压器等重点设备组织出厂试验关键点见证 38 次。联合国网甘肃省电力公司设备部和甘肃电科院，对所有新建站和扩建站逐一开展金属技术质量专项抽检 9 次、电气性能专项检测 4 次。

河西走廊 750 千伏第三回线加强工程物资质量抽检达到了国家电网要求的"三个 100%"全覆盖，物资质量抽检合格率达到 100%；物资质量监督管理工作形成了计划编制、现场检测、质量约谈、整改处理、结果反馈等全过程闭环管控，通过进一步强化物资质量抽检工作，对所有供应商起到了一定震慑作用，在工程建设过程中未出现因物资质量问题而导致的换货和退货，确保了工程进度和电网运行安全。

第十一章

环保与水保管理

第一节 工程环水保策划

工程开工前，拟定项目水土保持管理目标，成立组织机构，进行职责分工，并对现场管理等提出明确要求。及时委托环境影响、水土保持监测验收调查单位，定期联合各参建单位和验收调查单位进行全线检查，建管单位积极协调甘肃省水保厅下发《关于张掖 750 千伏输变电工程水土保持方案的批复》《关于 750 千伏河西电网加强工程水土保持方案的批复》，环保厅下发《关于张掖 750 千伏输变电工程环境影响方案的批复》《关于 750 千伏河西电网加强工程环境影响方案的批复》，在施工过程中依据工程《环境影响报告书》，针对工程建设期间产生的污废水、大气污染、噪声、垃圾和人群健康等环境主要不利影响及运行期管理人员产生的环境影响等进行环境保护设计。

为加强工程质量管理，提高工程施工质量，实现"百年大计，质量第一"的工程总体目标，甘肃建设分公司制定了《河西走廊 750 千伏第三回线加强工程建设管理纲要》《河西走廊 750 千伏第三回线加强工程现场建设管理总体策划》等一系列工程质量管理制度和措施。在工程质量管理项目划分中，将环境影响、水土保持工程纳入其中，实行统一管理。按照国家法律法规和规程规范，严格执行项目法人责任制、招标投标制、建设监理制、合同管理制。根据形势发展和工程建设需要，将工程质量、工作进度、工程投资管理渗透到建设全过程，确保工程建设顺利进行。依法落实环水保与项目主体工程"三同时"实施方针，从设计、材料、施工、建设管理等方面采取有效措施，全面落实环保和水保的前期方案要求，建设资源节约型、环境友好型工程；在施工过程中全面落实经行政部门批复的环水保措施，保护生态环境，减少水土流失，不发生一般及以上环境污染事件，实现工程水土保持六项指标设计要求，争创全国生态文明示范工程;一次性通过国网甘肃省电力公司环水保验收。山区组立的铁塔如图11-1所示。

图11-1　山区组立的铁塔

第二节　环境保护方案及落实

施工期间,采取以下环境保护措施:

(1)加强土石方的调配力度,进行充分的移挖作填,减少弃土弃渣量。

(2)合理组织工程施工,施工区域相对集中,减少施工用地。

(3)施工时选用低噪声的施工设备,施工活动主要集中在白天进行。

(4)对于沿线分布的梭梭、沙拐枣采取避让等保护措施。

(5)对需征用的农田和需砍伐的林木,必须按有关规定办理采伐手续,并实施"占一补一"和"伐一补一"的补偿措施。在选择牵张场地时,选择交通条件较好的地点,以缩短施工道路的长度。铁塔设计时选择档距大、根开小的塔型,以减少对土地的占用。

(6)对各类施工场地和员工生活区生产废水和生活污水的排放加强管理,防止无组织排放。

(7)施工期采取挡土墙、护坡、护面、排水沟等防护措施,剥离的表土和开挖出的土石方堆放时进行挡护,将剥离表土装入编织袋。

（8）施工结束后立即清理施工迹地，促进植被自然恢复。在进行植被恢复和重建过程中，要警惕外来物种的入侵，确保区域的生态安全。

（9）不同占地类型生态防护与恢复措施。

1）耕地。塔基定位时尽可能少占用耕地；施工过程中的临时堆土堆放在至田埂或田头边坡上，不得覆压征用范围外的农田；将表层熟土和生土分开堆放，以利于施工后农田的复耕。

2）林地。线路经过成片林地时，采用高跨越方式，减少林木砍伐，导线与树木（考虑自然生长高度）之间的垂直距离控制在 8.5 米以上，对少量无法避免的经济作物砍伐按政策进行赔偿；砍伐对架空线路造成威胁的 6 米以上高度的树木要选在春季进行，同时做好对地表原有灌木和草类的保护。

3）有植被荒漠地带。沿线主要土地类型为戈壁、沙地，稀疏生长有地表植被，由于自然环境条件的制约，在荒漠生境中恢复地表植被的难度很大。为避免和减缓建设扰动后的水土流失，施工结束后应当在最短时间内对被扰动地表进行平整和镇压；对建设过程中形成的土石弃方，应当尽量就近回填于没有荒漠植被分布的洼地、土坑等，并进行平整和镇压。

（10）扬尘污染治理措施。

1）合理组织施工，尽量避免扬尘二次污染。

2）施工临时堆土、弃渣应集中、合理堆放，遇天气干燥、大风时进行洒水，并用防尘网苫盖，并在周围设置排水沟。

3）对土、石料、水泥等可能产生扬尘的材料，在运输时采取全封闭措施，对水泥装卸作业时要文明作业。

4）在施工现场周围建筑防护墙，进出场地的车辆应限制车速。

（11）噪声控制措施。

1）采用低噪声施工机械，采用低噪声的施工方式、工艺，将场界噪声控制到最低限度。

2）按照《建筑施工场界环境噪声排放标准》（GB 12523—2011）的有关规定，要求施工单位对作业时间加以严格限制，尽量不在夜间施工。

（12）废污水防治措施。

1）变电站间隔扩建工程施工时产生的生活污水，利用站址内现有的污水处理装置进行处理，不在临时施工场地内设置旱厕。

2）在塔基开挖时，应注意土石方的堆放，并对开挖的土石方采取护拦措施，或对裸露部分及时处理，并且在施工中设置废水收集池，防止施工废水外溢，废水经沉淀处理后用于施工场地喷洒。

3）本工程线路施工量较小，且较分散，每个施工点上的施工人员很少，其生活污水可利用临时修建的简易旱厕处理。

4）在饮用水水源保护区附近施工时，禁止在保护区内设置施工营地、堆料场、牵张场及弃渣场，将弃渣集中堆放在保护区以外的合适场地，同时在施工场地设置沉淀池，防止施工废水排入附近饮用水水源保护区。

5）在水源保护区内施工，采用灌注桩基础施工方式。在塔基基础浇灌时，直接将混凝土浇入模具中。

6）在河流、水库附近施工时，禁止在河道内设置施工营地、堆料场、牵张场及弃渣场，将弃渣集中堆放在河岸以外的合适场地，同时在施工场地设置沉淀池，防止施工废水排入附近河流。

（13）固体废物防治措施。

1）变电站弃方集中堆放在站内，表面覆盖防尘网，施工结束后用于回填。线路弃方、弃渣尽量就地平衡，少量的弃渣运至指定填埋场进行处理。

2）原线路拆除段产生的金属件，建设单位进行回收再利用。

3）变电站和线路施工过程中的建筑垃圾及生活垃圾应分别堆放，建筑垃圾由施工单位及时清运，生活垃圾定期运至环卫部门指定的地点处置。

（14）生态环境防治措施。

1）加强对管理人员和施工人员的教育，提高其环保意识；注意保护植被，禁止随意砍伐灌木、割草等活动，不得偷猎、伤害、恐吓、袭击野生动物；施工人员和施工机械不得在规定区域范围外随意活动和行驶；生活垃圾和建筑垃圾集中收集、集中处理，不得随意丢弃。

2）本期线路经过地区主要为荒漠生态系统，该地区地表植被稀疏，施工时应充分利用现有道路，减少修建临时便道（临时便道应尽量靠近公路附近，临时便道宽度不得大于3米、人抬施工便道宽度不得大于1.5米），并要求各种机械和车辆固定行车路线，施工便道采用彩条布围挡，严格控制施工区域，不能随意下道行驶或另开辟便道，以保证周围地表和植被不受损坏。

3）严格控制施工场地，尽量少扰动原始地表、碾压地表植被，将塔基选择在周围植被较少地区，施工场地尽量不清除地表植被，对施工中踩踏的植被，在施工结束后进行扶植。

4）塔基开挖时，要将地表土分装在编织袋内，堆放在临时堆土场内，用于施工结束后基坑回填，临时堆土采取四周护挡、上盖下铺的措施，回填后及时碾压夯实。

5）施工采取张力放紧线，减小施工通道砍伐宽度。施工过程中在牵张场周围修建彩钢板拦挡，限定施工人员活动范围、减少水土流失。施工结束后，对牵张场场地进行土地整治，从而恢复场地土壤结构及植被。

6）当塔基施工位于生长有少量植被的戈壁时，挖方时将植被与表层土壤进行整块挖掘，尽量不破坏植物的根系和表层土壤物理性质，在基础回填时，将黏土、沙石回填至基础中，最后覆盖带有植被的表层土壤。施工中挖方产生的弃土应就地堆放夯实，表面用砾石覆盖，以减少风蚀的影响。

7）严格按设计的塔基基础占地面积、基础型式等要求开挖，避免大开挖土方的大量运输和回填。

8）塔基浇筑完成后及时对施工现场进行清理，弃土在塔基范围内铺撒，表面进行覆土，以便自然植被恢复。

9）加强施工期的环境监理工作，制定合理的施工工期，避开雨季土建施工。

10）大力宣传相关法律法规，引导树立保护意识，对施工人员进行相关法律、法规宣传教育，提醒人们依法保护自然环境。

（15）对跨越长城采取的环境保护措施。

1）跨越长城壕堑时，采用架空线路一档跨越方式，环评建议跨越长城立塔时铁塔基础不得在遗址保护范围内立塔，跨越档处铁塔基础外边缘对长城遗址的最小距离不得小于 200 米。

2）跨越施工时，必须搭跨越架，严禁导线或金具接触文物。

3）在该处施工时尽量利用附近便道，严禁开辟新的施工便道，避免对长城壕堑造成破坏。

4）施工时，应做好防护措施。在塔基施工时，根据塔基和长城的距离采用不同开挖方式，如人工开挖、机械开挖相结合的方法；在架线时，采用无人机施放牵引线，跨越处搭设防护网，避免施工时导线、施工机械对明长城壕堑造成破坏。

5）线路施工时，机械不得从长城壕堑上碾压、通过。

6）对施工人员加强保护文物长城的宣传与培训，同时在工现场设置保护长城的警示标志。

（16）对沿线林地采取的环境保护措施。

1）沿线所经区域为低矮灌木林地的，设计时尽可能拉大线路铁塔的档距，减少塔基数量，减少原地貌扰动，塔基选在灌丛间的空地上，临时占地尽量利用已有的道路、未利用的地上和灌丛空隙，最大限度地减少塔基永久占地造成的地表植被破坏。

2）保护好表层植被，避免对原有地表面植被造成破坏，临时施工场地不清除现有地表植被，采用木板及钢板铺设方式，设置施工作业面，规范施工人员的相关活动和活动区域，避免对不动工区域进行破坏。施工结束后对压覆植被进行扶植。

3）施工时应在工期上合理有序，先设置拦挡措施，后进行工程建设，尽量减少对地表植被的破坏。

4）加强对施工人员的教育，在圈定范围内活动，避免随意踩踏非施工区域的情况发生。

采取以上环境保护措施后，能最大限度地减少对沿线灌木林地的影响，对灌木林地的影响控制在可接受范围内。工程沿线的植被恢复如图 11－2 所示。

图 11-2　工程沿线的植被恢复

第三节　水土保持方案及落实

建设单位高度重视工程建设中的水土保持工作，按照有关水土保持法律、法规的规定，及时委托编报水土保持方案报告书，并上报水行政主管部门审查、批复。

　　坚持水土保持"三同时制度"，设计单位将已批复的水土保持方案报告书中的各项水土保持措施纳入主体工程，同时设计、同时施工、同时投产使用。在初步设计阶段，设计单位对批复的各项水土保持措施及投资，更进一步进行深入和细化设计。项目开工前应按照水土保持方案批复要求足额缴纳水土保持补偿费。

　　工程建设质量目标应实行以项目质量业主负责、监理单位控制、设计和施工单位保证及政府部门监督、技术权威单位咨询为基础，以相互检查、相互协调补充为保证的质量管理体制。为具体协调、统一工程质量管理工作，工程建设指挥部组织设计、质监、监理、施工等参建各方的主要单位共同组成工程建设质量管理处和工程建设技术管理处，参与日常质量安全管理工作，对各单位质量工作进行协调、督促和检查，组织参加隐蔽工程、单元工程、分部工程、工程材料及中间产品的检验与验收。对工程质量、安全和文明施工实施有效管理。

　　张掖 750 千伏输变电工程建设造成的水土流失防治责任范围面积为 74.34 公顷。实施的水土保持措施共计完成了斜坡防护工程、防洪排导工程、土地整治工程、植被建设工程和临时防护工程 5 类工程。

第四节　环 水 保 成 效

一、水土流失防治指标达标情况

　　建设单位通过组织实施水土保持措施并对其加强管护，各项水土保持措施发挥了较好的效益。张掖 750 千伏输变电工程扰动土地整治率为 97.6%、水土流失总治理度为 96.9%、土壤流失控制比为 0.9、拦渣率为 94.7%，750 千伏河西电网加强工程扰动土地整治率为 95%，水土流失总治理度为 95%，土壤流失控制比为 0.8，拦渣率为 95%，满足水土保持方案的批复要求。通过了国网甘肃省电力公司组织的水保专项验收。

二、水土保持措施适宜性及防治效果

　　工程已稳定运行，按照水土保持方案报告书设计成果实施的各项水土保持措施与主体工程的适宜性较好，发挥了良好的水土保持作用。同时在工程建设过程中针对工程施工实际情况对部分水土保持措施进行了优化和调整，增强了各类水土保持措施与主体工程的适宜性。

　　水土保持工程措施中，浆砌石工程表面平整，石料坚实，符合要求，无裂缝、脱皮现象；施工现场已基本清理平整，恢复了原地貌，与周围景观基本协调。工程措施防护作用效果明显，既减少了工程建设造成的水土流失，也对主体工程起到了有效的防护作用。布设在塔基上下陡坡地段的防护工程，有效防止了坡面冲刷，保持了坡面的稳定。沿塔基布设的排水沟，能够有效拦截和排导坡面径流，减少了周围汇水对塔基基础的侵蚀。

　　工程施工过程中能够合理安排施工季节，避免大风或雨季施工，能够合理组织施工，严格控制扰动面，有效减少了施工引起的水土流失；建设过程中采取的洒水、临时堆土苫盖及拦挡措施，实施及时，实施量满足现场水土流失防治需求。

第十二章

工 程 建 设 施 工

第一节 施 工 组 织 管 理

一、建立齐全施工组织体系

（1）建立以项目部经理为首的项目组织保证体系，实行项目经理负责制，项目部成员责任明确，层层把关；组建施工项目部、创优实施体系，组建创"鲁班奖"小组，成立临时党支部。张掖 750 千伏变电站新建工程施工项目部自成立以来，面对各项工作任务，始终抓落实重责任、抓标准化促规范、抓班组建设促管理、抓学习重积累、抓技术重创新，形成了良好的班组文化氛围，全力打造技能型班组，全心全力完成张掖 750 千伏变电站新建工程争创鲁班奖目标。

（2）做好施工准备和提前策划。按计划组织人员、材料、施工机具到位，确保施工及时展开。围绕国网甘肃省电力公司及业主的总体部署，集中精力狠抓落实，特别是针对张掖 750 千伏变电站工程争创鲁班奖，制订了详尽的管理办法，为了保质量、创精品，项目部召开誓师动员大会，提出"质量缔造品牌，品牌提升效益"的口号，要求项目部全体人员坚持一切服从于工程、服务于工程的管理要求。

（3）编制现场切实可行的施工计划，发挥计划管理的龙头作用。以总工期为主要控制依据和目标，编制出月、周、日作业计划，增强全体人员的紧迫感和责任心，确保各控制点按期实现。

（4）成立项目部临时党支部，完成党员活动室、企业文化室的建设，定期组织党员、青年团员、入党积极分子等开展学习教育活动，进一步牢固"四个意识"，坚定"四个自信"；项目部组建"党员突击队"和"青年突击队"，通过开展"党团员身边无违章""青春光明行，环保在身边"等主题活动，进一步发挥党团员的先进带动作用，引领全体项目施工人员担当守责、奋力攻坚，全面推进工程项目各项任务优质高效完成。实施"党建＋特（超）高压电网建设"，全面推进"旗帜领航·变革争先"专项行动。项目部开展"学习西路军长征精神"主题党课活动，将党建工作与工程建设深度融合，发挥引领作用。积极开展劳动竞赛活动，评选出优胜者，实行奖励，充分调动广大施工人员的劳动积极性。

（5）提升人员配置水平。各施工单位选派具有多条特高压工程施工经验的人员参加本工程施工，选派优秀员工任项目经理。施工项目部设立工程科、供应科、经营科、协调办、综合办等三科二办，按照国家电网公司要求及本工程的具体情况，编制完成各种岗位职责及规章制度。

施工队伍选择全部在国家电网公司合格分承包方名录内且与施工单位长期合作的合格承包方，进行劳务及专业分包管理。

（6）强化项目部制度管理。

1）领导负责制。施工单位分公司经理是安全文明施工和环保施工的第一责任人，项目经理是本工程分管文明施工和环保施工的责任者，协助分公司经理具体管理文明施工和环保，形成一个由项目部、施工班组及参加施工者全员组成的管埋网。

2）教育培训制度。每道工序开工前应进行技术交底和考试，包括文明施工和环保要求的内容，考试不合格者不能上岗作业。

3）检查制度。施工班组每半个月进行一次自检，施工班组之间每一个月进行一次互检，施工项目部每月检查两次，每次检查应有记录，检查后应进行总结，每次检查都要有书面总结备案。

4）评比制度。每个工序都进行一次评比，奖罚分明。

5）会议制度。施工项目部每天召开工作例会，解决当日施工问题，计划明日施工安排，并且每月组织 2 次以上工地例会，共同商讨施工方法，分析当前存在问题，及时解决工程中存在的各类问题。每月召开一次业主单位组织的工地例会。

（7）做好提前策划，未雨绸缪。

1）及早进行物资准备。物资准备工作在施工项目经理的组织下进行。材料站人员先期进入现场，选择、设置材料站，技术组会同材料站按照程序文件要求，先评审确认合格材料供应商（原则上采取公司优选办法，进行优中选优），做好基础部分原材料供应点的选择，再按采购程序会同监理做好商砼、钢筋等的取样化验（工程中使用的材料必须与送检品一致）。及早做好混凝土的配合比试验；基础图纸会审后，按进度计划安排首批地脚螺栓、基础钢筋加工，从材料方面做好施工前准备工作。技术组应按施工验收规范的要求制定水泥的采购、运输、保管、使用等管理办法，在工程中实施。

对于由项目法人供货的铁塔和架线材料，应根据项目法人供货计划和工程进度情况，及时进行催交，配合项目法人、监理、供货厂家共同进行到货验收，发现问题及时向项目法人书面反映。

2）预先开展施工机具准备。

a. 根据本标段的进度计划及施工需要编制机具的使用计划，项目总工审核，项目经理批准。

b. 所有机具入场前均必须进行全面维修、保养。本工程必须投入状态最好、最先进的机具，充分满足工程施工的需要。

c. 放线机具中的卡线器应在使用前逐个进行拉力试验，试验未进行或未通过不得使用。

d. 设备工具的采购，须按照程序文件中采购及检验试验要素的规定进行，保证新购设备工具的质量。

3）后期资金保障到位。在公司及分公司的支持和帮助下，提前做好资金使用计划，提早进行资金申请，确保本工程资金运转顺畅。

4）严抓前期线路走廊进度。

a. 取得进入甘肃省施工的许可证。

b. 取得当地县、乡（镇）各级政府及土地、林业、交通、银行等政府各部门的支持。在进场后立即召开由当地县政府主管的一级协调会，然后分别召开各镇（乡）级的二级协调会，提出施工单位对打通走廊方面的承诺，协助业主按当地建筑赔偿方面的法规办事，以取得村民的信任。

c. 按承诺办事，取信于民。

d. 遵章守法，尊重当地的风俗习惯。

二、十二项配套政策落实及班组建设管理

严格按照国家电网公司十二项配套政策要求，加强核心施工班组建设，全过程规范施工行为。

1. 作业层班组进场培训及交底

按照作业层班组到位情况，各班组长配合项目部建立人员动态登记台账，

发现超龄人员进行清场；人员进场后进行体检，体检合格后项目部组织对班组骨干及副班长进行交底培训，后由班组长陆续对班组人员进行培训学习交底工作，做到全员覆盖，项目部负责收集建立台账。考试合格后方允许正式进场施工。

2. 规范班组驻地

施工班组根据人员数量、施工机械设备、工程车辆等因素，合理选择租用场地和房间数量，并报施工项目部批准后进行租赁。

班组驻地经项目部认可后悬挂班组铭牌，班组进场后统一命名，实行统一管理。

班组驻地统一配置高低床、床单被罩、整理箱、灭火器、办公桌、会议桌、办公椅、电脑及打印机等物品。

施工项目部安排专业电工对施工驻地的用电线路统一进行布线。

班组驻地设置办公室（会议室），具备办公、会议召开、班组学习条件，场地布置合理、整洁，基本办公设施齐全。班组食堂干净整洁卫生，配备冰柜、消毒柜餐桌椅等设施。

3. 班组作业计划及风险管控

项目部建立作业层班组管理微信群，同时各班组建立班组微信群。各个班组严格执行"晚会制度"，作业层班组骨干利用每天晚会认真部署第二天的工作，翔实填写工作票和第二天的站班会记录，项目部每天通过微信、视频、实地参与等多种方式，监控各个班组每天站班会和晚会的真实动态，对现场未明确的潜在风险进行提示，密切掌握每一个班组的作业情况。

施工项目部为作业层班组配置视频监控设备，随时监控现场作业动态。项目部根据每日工作计划，确认视频监控球机设置位置，通过视频监控对现场进行有效防控。并确保每处 3 级及以上风险都必须有视频球机在场监控，每处作业点球机开启、回收、充电均归施工班长负责，并按照监控中心的观看指令随时对视频球机进行调节，以便对现场真正实现管控。

制定组塔及架线阶段的进度上报模板，重新明确项目部班组作业信息收集人员，明确每日每个作业点的人数，监护人姓名。现场负责人进行核实。责任人与每日进度进行核对，确保每个作业点必须有票、有监护人。同时通过照片、视频，按照班组每日放行表，核对工作票、站班会等信息，审核完毕后，通知班组进场施工。作业内容临时发生变化时，重新填写工作票，上报项目部审核。

项目部建立班组电子档案，专人收集每天的班组驻地、作业票、站班会、晚会照片等。

根据工程路线长、作业点多的特点，项目部建立视频会议机制，每周召开由项目部人员、骨干人员全部参加的周例会。周例会上各班长汇报本周内本班组施工完成情况，项目部职能人员总结本周施工安全质量管控情况，项目部对班组下达下周工作任务以及学习宣贯本周上级下发的重点文件。

4. 班组人员管理

项目部设专人对现场全体施工人员进行"一人一卡"实名制管理，并组织完成骨干人员国家电网公司网络大学考试。项目部制定班组管理资料目录，并按照目录形成文件资料，每个班组单独建立资料档案，内容包括班组人员花名册、人员体检、培训考试、骨干人员证件等。

同时在作业层班组同样建立班组资料，班组资料反映班组日常运转管理痕迹。

5. 利用清单管理，规范现场动作

根据《国家电网公司基建工程作业层班组建设标准化工作方案》，梳理线路工程班组标准化重点工作和各环节控制要点，形成记录及模板。将清单管理工作贯穿到项目管理各个环节，以清单管理为辅助，规范施工管理。项目部根据各职能人员、班组骨干人员数量责任清单及工作清单，明确各级人员责任划分，确认工作任务是否按照清单完成。

6. 班组考核机制

（1）每月末项目经理组织项目部主要管理人员结合班组当月指标完成情况对作业层班组和班长进行打分，根据考核结果调整班组的施工任务分配及班组临时评级，在月度施工例会上对考评结果进行通报，同时将月度考核上报分公司，作为作业层班组月度工资发放及班组年度定级的依据。

项目部结合标准工效及地形条件等因素给作业层班组下发施工任务单，明确本月作业内容，由班长会同其他作业层骨干人员进行具体施工作业安排及现场施工组织。

（2）对作业层班组人员每月绩效考核。作业层班组班长负责组织针对班组成员的绩效考核。每月班长针对班组劳务分包人员现场表现，确定考核结果报送施工项目部。

施工项目部要将考核结果作为劳务分包人员工资发放的参考依据。

第二节　施　工　过　程

一、安全管理

1. 建立健全安全文明施工管理体系

施工项目部进驻施工现场伊始，为切实把"安全第一、预防为主、综合治理"的方针落实到生产第一线、落实到班组，保证施工安全，施工项目部成立了各级安全管理机构和网络，建立了比较完善的安全管理体系。确定了以项目经理为第一责任人，由专职安全员主抓安全工作，项目部各职能部门承担其职责范围内的安全责任。

2. 贯彻落实安全管理文件

贯彻执行国家、国家电网公司有关安全生产的政策法规和文件规定，确保实现合同规定的安全目标要求。

（1）建立以项目经理为第一安全责任人的各级安全施工责任制，贯彻"管生产必须管安全""谁主管，谁负责"的原则。

（2）建立健全各级安全责任制，做到"层层抓安全、人人管安全、事事讲安全"。

（3）按照《国家电网公司输变电工程安全文明施工标准化工作规定》《国家电网公司输变电工程安全文明施工标准化图册》的有关要求，进行适合本工程的安全文明施工策划和实施工作，创造良好的文明施工环境。

（4）严格按照《国家电网公司输变电工程安全文明施工标准化工作规定》开展安全文明施工活动，实现"安全管理制度化、安全设施标准化、现场布置条理化、机料摆放定置化、作业行为规范化、环境影响最小化"的管理目标，营造安全文明施工的良好氛围，保障从业人员的安全和健康，树立新时期国家电网施工新形象。

（5）严格按照合同及《国家电网公司输变电工程施工安全措施补助费、文明施工措施费管理规定》要求，保证施工安全措施补助费、文明施工措施费专款专用，并接受建设单位、监理工程师的监督和控制。在财务管理中单独列出费用清单备查。

（6）按照《国家电网公司输变电工程施工危险点辨识及预控措施》要求，做好危险点辨识及预控工作，提高事故超前防范能力，确保施工安全可控、在控。危险点控制要突出作业和操作的全过程，特别要强化现场执行和监督的落实，以书面的形式使危险预控措施得以确认，使现场每个人清楚危险点的所在和应采取的预控措施，并有切实可行的制度和责任制保证执行和监督到位。

（7）制订安全培训计划，加强安全教育和安全培训。特殊工种（登高、机械操作、起重等）经专项培训，考试合格后，持证上岗。

（8）工程开工前，参与施工的人员必须经身体健康检查，符合安全工作要求条件方可上岗，并将检查记录提交监理工程师。

（9）进场的工器具和设备必须经过试验、维修和保养，并建立台账，做好记录。

（10）加强日常安全检查和安全巡视，并且定期开展安全大检查，检查内容包括查领导、查管理、查隐患、查事故处理，发现问题，填写《安全施工问题通知书》，送责任单位限期处理。

（11）加强行车安全教育，遵守交通法规，谨慎驾驶。经常检查车辆，保持各种性能完好。

（12）发生安全事故，安监工程师应立即将详细情况报告项目法人和监理工程师。如果发生严重的安全事故，应以最快的方式通知项目法人和监理工程师。

（13）正确处理进度与安全的矛盾，在任何时候任何情况下，都必须坚持把安全放在首位，在保证安全的前提下求进度。

（14）按规定对施工生产设备和财产及所有参建人员办理相关的保险。

3. 健全和完善安全管理制度

（1）安全教育培训制度。根据公司程序文件要求，结合本工程现场施工特点，在各工序开工前和特殊施工前，进行安全培训。特别是铁塔组立人员，要按不同的操作岗位进行培训，进行模拟操作训练，经考试合格后上岗。

（2）施工作业票制度。施工现场所有的施工作业项目部必须按照要求填写施工作业票，并根据工作内容有针对性地提出安全措施。

（3）站班会制度。每天开工前宣读工作票，讲解当天工作施工任务和安全注意事项。

（4）安全活动日制度。各队（站）必须保证每周有 2 小时的安全活动时间，总结一周来的安全工作，分析有无事故苗头，制订下周安全工作须采取的措施。

（5）安全例会制度。项目部每月召开一次安全例会，检查、了解上月的安全情况，提出改进措施，布置、指导各队（站）安全活动。

（6）安全检查制度。项目部每月进行一次安全检查，检查上月的安全、环保、文明施工情况，提出改进措施，指导各队（站）安全活动。同时进行不定期安全检查。

（7）安全风险抵押金制度。本工程建立安全风险抵押金制度，对完成安全目标的、无安全事故者，加倍奖励，否则没收抵押金并加倍处罚。强化个人安全风险意识。

（8）安全施工责任制。明确各级岗位人员安全责任和相应权限，便于在施工中落实、考核。

（9）安全风险预测与防范制度。对工程中存在的人的不安全行为、物的不安全状态及环境危险因素进行全面风险预测和分析，并制订风险预防措施，在工程中实施。

4. 强化技术保证

（1）各分部工程的施工方案和安全技术措施必须按照程序文件的要求，履行审、批手续。特殊施工方案按业主要求邀请专家进行评审。

（2）各分部工程施工方案和特殊施工方案必须对施工安全风险进行预测和分析，并有相应的风险防范措施和应急预案。

（3）按规定配置人员的安全和劳保用具、护具，为机具配置保护装置，为工地配置保安及急救设备，对组塔和架线作业采取防坠落措施。

（4）实行风险管理责任制。

5. 以经济杠杆协调安全管理

（1）实行安全奖惩制度，制订安全奖惩实施细则，根据施工过程安全工作状况及时奖惩。

（2）实行安全风险抵押金制：对与安全有关的主要管理人员，开工前预收一定数额的抵押金，工程施工期间未出现安全事故，双倍返还，否则根据事故严重性相应扣除。

（3）保证项目法人支付的安全措施补助费和文明施工措施费全额用于本项目，应专款专用；在安全文明设施和个人劳动防护方面保证足额的经费投入。

二、质量管理

1. 建立完善的质量管理组织机构，落实责任

施工项目部建立了施工项目经理为质量保证体系第一责任人，下辖质量计划负责人、质量检验负责人、质量管理技术负责人。同时成立以项目经理为组长的质量保证领导小组，统一管理、指挥各部门的质量管理工作。根据总体质量

目标，细化、分解出项目部各施工班组的质量目标，对施工队进行督促、检查质量活动和质量目标完成情况。建立质量奖罚制度，落实责任，监督到位，根据施工队生产质量情况进行奖罚。

2. 编制质量控制措施，加大质量管理执行力度，消除质量通病

为了确保质量工作的顺利开展，项目部制定了各种规章制度，确保质量体系、责任体系的贯彻执行，具体为《基础、组塔、架线施工质量保证措施》《工程质量强制执行条文计划》《防治质量通病执行计划》等，针对质量通病的发生点进行事前控制、事中控制、事后控制，保证消除质量通病。

为了提高质量，加强对产品的控制，能够将现场质量情况及时反映到质量领导小组，项目部成立以专职质检员为负责人的质检小组，对施工现场进行质量跟踪，做到 100%检查、100%消除缺陷、100%消除质量通病，争取做到零缺陷移交。

3. 实行三级自检制，确保施工过程受控

（1）施工班组自检。在各工序开工后，项目部要求各施工班组开展同步自检工作，自检率为 100%，自检合格后形成自检记录，向项目部申请复检。

（2）施工项目部复检。在各工序施工班组自检合格并上报的前提下，项目部同步开展复检工作，复检率 100%，复检后项目部向施工班组下发整改问题通知单，并根据通知单问题进行复验确认，合格后向公司申请专检。

（3）施工单位专检。在接到施工项目部专检申请后，施工单位指派专人组成检查组到项目部开展专检工作，各工序专检率不小于 30%，对专检发现的问题认真进行整改闭环。

4. 加强现场物资材料管理

（1）自购材料管理。

1）进行自购材料的选点、取样试验，确定具有资质的试验单位。

2）建立自购材料的采购、加工、检验制度；工程中使用的大批商混凝土、钢筋等与送检样品一致，保留原样品。

3）项目部成立了以项目经理、项目总工为首的材料控制系统，以加强材料管理，搞好主要材料的质量控制。供应部计划、采购、现场、仓库等岗位均配备业务能力强、工作负责的同志。

4）制订供应管理制度，明确岗位职责，并制订采购、合同、现场、仓库、考核、复验、项目法人提供设备（材料）等管理制度。

5）材料采购严格依照程序文件的要求，优选确认合格的分承包方，再按采购程序进行采购。

6）现场材料管理、仓库管理按照"明确标识，妥善保管，建立台账，严格收发，记录齐全，规范管理"的要求进行，并及时做好报表。所有材料进场，均按照进货检验程序要求，对照验收标准进行检验验收，要求提供完整的产品合格证、材质证明书、试验报告等，及时报请并配合监理工程师进行抽检复验；按品种规格进行标识、保管，发现不合格品立即标识隔离和处置，切实把好材料质量关。

（2）甲供供应材料管理。及时与监理、业主单位共同进行进货开箱验收，留有记录。

（3）现场物资到货接收与管理。到货的甲供材料到现场后，通知监理部进行批次开箱检验，并形成记录报监理部，同时根据物资材料的种类进行妥善保管，做好标识。为了防止老鼠啃咬复合绝缘子伞裙，采用撒老鼠药的方法进行预防，并派人定期检查外包装是否完好。

合理安排塔料、导地线、绝缘子存放地（部分直接进入施工现场，减少二次倒运的费用），在不同程度上缓解项目部材料站的压力，确保塔材、导线、绝缘子按段有序存放分发。对于铁塔补件，项目部制定标准统一格式的缺件反馈单，发放给各施工队，要求各组塔施工队按要求填写上报项目部，并由项目部统一上报各对应的塔厂。

三、技术管理

1. 技术准备

（1）在施工项目总工程师的领导下，成立技术、质量及安全管理系统。

（2）项目总工1名，专职安全员和专职质检员各2名，施工队技术员2名，兼职安全员和兼职质管员各 2 名。技术人员资格素质能胜任岗位工作需要和业主的要求。

（3）技术人员提前1个月进入现场开始技术准备工作。

（4）对线路复测和施工现场实地勘察，对自然条件、交通状况、地方性材料供应、施工平面布置及塔位地形、地质、跨越物等进行调查分析，形成现场调查报告，为施工组织设计和工地管理制度、施工技术方案等文件的编制提供第一手资料。

2. 施工图会审

组织参加人员学习设计文件，理解设计意图，重点核查施工安装条件（可行性）、专业（工序）接口、设计单位接口、尺寸、材料表，以及施工操作难易度。

（1）形成书面会审意见。

（2）逐条澄清会审意见。

（3）记录其他单位意见。

（4）传达、贯彻、落实会审纪要。

3. 技术交底与培训

（1）执行管理手册及其支持文件规定的程序，方法和内容。

（2）交底或培训后进行考试，考试不合格不发给上岗证，不得上岗作业。

（3）做好培训记录。

4. 首件试点

（1）组织各工序开工前进行试点工作，由项目经理主持，项目部人员包括项目副经理、项目总工、技术人员、施工队长、安全员、质检员等参加；邀请业主、监理、运维及地方政府人员指导。

（2）施工布置、工艺流程、作业方法与作业指导书一致，需要修改时，当场履行审批手续。

（3）认真分析试点过程和结果，改进作业指导书，使之更加完备，完成首轮 PDCA 循环。

5. 施工设计和施工技术文件编制

（1）一般情况下格式、内容、审批、修改应符合管理手册及其支持文件的规定。并符合 750 千伏线路工程特殊要求，按业主、监理的要求办理。

（2）编制作业指导书及施工设计计算书，将施工设计计算书连同作业指导书同时送审，审核后报国家电网公司专家进行评审。

6. 工程资料的管理

（1）设资料管理员和信息员共 2 名，负责工程资料的分类、装订、保管和信息的收集整理。涉及基础、铁塔和架线施工的各种试验报告、出厂证明、施工记录或工程影像资料由资料管理员及时进行整理和建档。归档的工程资料按业主的要求进行分类，包括总目录和分目录，以便查阅。工程施工归档资料全部做到页面尺寸统一、页面干净、不折页。资料的管理用微机手段，如工程联系单、各种管理制度、作业指导书等，除书面归档外，还应在电脑中留有备份。涉及工程施工的各种原始记录、评级记录由专人填写，各种签字手续齐全，无错记、漏记、丢页等现象，确保记录的真实性、完整性和有效性。

（2）资料管理控制措施。

1）依据国家电网公司档案管理手册的要求，结合国网甘肃省电力公司对档案归档的要求，在原有资料管理办法的基础上，编制本工程资料管理办法。通过专家组讨论，经总工程师批准后实施。

2）工序工程量完成，归档资料即应整理完毕，做到工程进度与资料归档同步进行。

3）归档资料数据准确，文字清晰、真实，不留空格，签字盖章手续齐全、规范，装订整齐，资料准确率 100%，案卷合格率 100%，档案归档率 100%。

四、造价管理

加强对各项成本的控制、降低管理费用，从而降低施工直接成本，通过精心细致的组织、策划，体现施工单位施工实力的同时将施工成本降到最低。根据《项目管理实施规划》中形象进度计划横道图、网络图、投标报价及基础工程的工程量，编制施工进度与资金流量统计表，使项目部的施工成本控制有了可控的依据和很强的操作性。

在施工过程中，以施工成本控制与奖金挂钩的方式充分调动每个部门和每个职工控制施工成本、关心施工成本的积极性和主动性，同时在项目部全面推行经营风险抵押金制度，使项目部的施工成本控制真正达到上下结合、专业控制与群众控制相结合的最初构想。

在日常实施成本全面控制的同时，有选择得分配人力、物力和财力，抓住那些重要、不正常、不符合常理的关键性施工成本差异。

1. 前期管理

本标段途经甘肃境内多地区，线路部分并行于 ±800 千伏天中线及 ±1100 千伏吉泉线，线路走廊协调难度较大，为此施工项目部安排多名有多年工作经验的前期人员亲赴施工现场了解情况并与当地政府及属地公司积极沟通协商解决问题，为工程全面开展奠定了基础。同时，为了减少征占地补偿费用，由前期协调人员进行现场实地勘察，确定施工进场道路，划分基础施工作业面，基础采取单腿回填归方的方式，有效控制了施工占地面积，减少了前期占地问题，节约了占地成本。

2. 造价管理

（1）项目部在设计接桩阶段就安排工程技术、技经、前期人员对该工程地形、地貌、地质、施工道路、交叉跨越等进行了详细的线路调查和统计。并由施工单位分公司经理、施工项目经理和技经人员共同研究各分部工程分包价格，然后上报国网甘肃省电力公司确定最终招标价格。

（2）在基础施工中，项目部发现实际地质与设计地质情况不符、部分工程量和基础型需调整的、工程投标报价、工程合同和实际施工难点等问题，及时与监理、设计、业主、施工单位主管经营部门沟通，到施工现场进行实际考察并得到最终确认，为工程索赔和工程结算提供有利依据。

（3）在基础施工中，施工项目部利用机械化（旋挖钻机）进行基础开挖工作，基础浇制多数采用商品混凝土。该方法不但降低了工程施工成本，还加快了工程进度。

（4）在基础施工过程中，施工单位同技经及项目部相关人员共同翻阅工程合同和项目招标文件，仔细研究工程索赔相关条款，最终确定基础工程中基面量、防风固沙、自然灾害、防腐漆、新增跨越、误工、附属设施量等为结算突破点，项目部集中收集相关索赔资料，为以后基础分部工程结算提供有利依据。

（5）施工项目部根据以上工程特点，在实际施工征占地特别困难的情况下，能够科学合理安排施工班组，调整部分施工任务量并统筹管理，避免发生窝工、误工的现象。

（6）工程后期，为增加附属设施的工程量，经施工项目部与设计单位沟通，对附属设施进行变更，增加、增大附属设施工程量，为工程结算奠定了基础。

（7）为保证工程顺利进行，节约施工成本，提高施工效率，经项目部与铁塔、架线材料供货厂家沟通，最终确定以汽车运输的方式运至施工现场，节约了材料站到现场的二次倒运和吊装费用，加快了施工进度。

第三节　施工技术创新

一、施工实体质量亮点

（1）在施工过程和施工完毕后，项目部统一加工中心桩保护模板，确保基础数据准确，塔位中心桩保护规范。

（2）本工程在基础施工中，大力推广机械化施工，如在基坑开挖过程中采用旋挖钻机进行开挖，在基础浇制过程中采用商品混凝土的方式进行浇筑。

（3）本工程地处干旱地区，用水困难，采用滴水养护法进行基础养护。

（4）本工程钢筋采用机械连接，施工前利用环、塞规对丝头进行检查，并使用力矩扳手检查接头扭矩值。

（5）本工程采用施工项目部统一加工的倒角器进行倒角，倒角后工艺美观，受到业主的一致好评。本工程部分基础位于中、强腐蚀地区，施工时需涂防腐漆。

（6）本工程部分接地采用石墨烯接地。

（7）本工程为了满足环水保要求并减小占地面积，基础采用单腿回填方式。

（8）本工程为了满足环水保设计及运行维护要求，部分塔基制作了附属设施，质量及工艺符合要求。

（9）本工程基础保护帽采取倒圆角工艺，工艺美观。顶面制作成斜坡，防止积水。

（10）本工程为了在铁塔组立施工中确保基础顶面不受到破坏，采用基础顶面保护装置进行保护，并采用电动扭矩扳手进行螺栓紧固，提高施工效率。

（11）本工程在架线压接中，吸取压接事故经验，落实国家电网公司、业主项目部、监理单位及施工单位压接质量要求，对压接人员单独培训，合格后方可上岗作业。压接工艺流程清晰明确，并使用导线压接专用导轨，确保压接质量。

（12）本工程组塔施工使用吊装带，保护塔材镀锌层不受破坏，制作专用转向夹具，避免缠绕钢丝绳对铁塔和镀锌层的磨损。

（13）本工程在架线工序中使用配备的链条式导线保护钢甲，确保导线端头不受损伤，利用高精度计米器，计算单轴导线长度，确保导线长度符合要求。

（14）本工程在架线工序中锚线处套胶管、提线钩、锚线钢锚采取挂胶处理，使成品不被工器具损伤，保证了导线成品质量。

二、安全管理工作亮点

（1）本工程各工序施工时，施工单位统一配备配电箱、接地线等安全文明施工用品，营造良好的安全文明施工氛围。

（2）本工程在基础开挖施工过程中，施工项目部为各施工班组统一配备防毒面具、通风设备、全方位安全带、气体检测仪等安全防护用具，人员下坑作业前，确保"先通风、再检测、后作业"，坑下有人作业时，坑上有安全监护人监护，有效确保现场开坑安全。

（3）本工程在基础冬季施工时，为确保混凝施工安全及质量，项目部为施工班组统一配备一氧化碳检测仪、电子温度计等物品，并采取暖棚法进行保温。

（4）铁塔施工、检查过程中，登塔作业人员使用安全绳及攀登自锁器，现场设置语音提示器、安全标识牌，塔上作业人员采用速查自控器、水平安全绳及全方位安全带保证施工人员人身安全。

（5）因本工程全线多处临近±800 千伏天中线及±1100 千伏吉泉线，施工时在平行天中线或吉泉线 20 米处设置警戒线，并在警戒线上安装自动报警器，当有人靠近会自动报警，同时为施工人员配备感应电测试仪，避免感应电伤人，有效确保了运行线路的安全。

（6）本工程组塔现场设置安全防护网，杜绝高空坠物伤人。

（7）本工程在施工期间，利用无人机及全方位视频监控系统对现场进行动态管控。

（8）本工程在组塔施工期间，利用电子拉力测试仪限制塔材吊重，利用风速测试仪在吊装、上塔作业前进行风速测量。

（9）本工程现场施工人员发放安全作业提示卡，卡片中标明危险点、可能导致的事故、预防和控制措施，使施工人员在施工过程中有章可循。

（10）施工现场单基定置化平面布置，现场设置安全漫画、安全通病防治栏、危险源辨识及预防措施展板，有效提升安全文明施工水平。

（11）铁塔上挂"禁止攀登、由此上下"标示牌，落实安全措施，地锚及跨越架搭设标示牌标明责任人、检查人，落实安全责任。

（12）本工程钻越±800 千伏天中线及±1100 千伏吉泉线、跨越多条 330 千伏线路、110 千伏线路、35 千伏线路、铁路、高速公路，均编制了跨越专项施工方案，并通过了国家电网公司的专家论证。对封顶网施工方法进行研究，借鉴其他跨越经验与教训，除有封顶网外，两条承载索间采用钢丝绳挂胶进行横向封顶，既保证封顶网的强度又起到绝缘作用，绝缘通过检测满足绝缘性能要求。

（13）网套连接的补强，由于放线张力的加大，网套是牵引放线中的薄弱环节，为加强网套与导线的连接强度，对导线与网套进行补强，对导线的钢芯进行自麻自并穿入网套与旋转连接器连接，采用本方法实现了网套的二道保护，现场进行拉力试验，当网套受到一定张力后钢芯自麻自就受力，符合施工要求。对于重要跨越的地方，采用了牵引管代替网套连接器的方式。

（14）特制换瓶器。施工中发现不合格的绝缘子，直接在空中操作更换绝缘子，既省时又省力，使替换绝缘子的作业化繁为简，提高了施工效率，是比较先进实用的工具。

（15）在工程架线施工中，对发现弯曲的耐张管、直线接续管进行矫正、矫直，使用中尽显其小巧、灵便、易操作，效果很好。

（16）架线施工中导地线压接使用专用切割工具，现场搬运灵活、轻巧实用，切割的线口齐整、利索，操作快捷，提高工效显著。

（17）本工程有塔位位于沙漠中，施工时无任何施工道路，施工单位采用铲车等大型设备修路进场，大大提高了施工效率，降低了施工成本。

（18）本工程有部分基础位于山区，地质条件异常坚硬，人工和机械无法进行开挖，通过业主、监理、施工及设计共同研讨，采用爆破施工的方式，邀请资质等级满足要求的爆破公司进行，编制了详细的爆破施工方案，采取微差松动爆破方式进行基坑开挖，提高了施工效率，也确保了运行线路的安全。

三、项目管理工作亮点

（1）各级参建单位组织机构健全，人员投入阵容强大，是该工程顺利竣工的前提保障。该工程施工单位经理每月至少 1 次亲临施工现场指导施工，且该工程项目经理、项目总工部分由分公司副经理、主任工程师担任，下属各职能部门负责人均是施工单位精英力量，下属施工队伍亦是公司近年来业绩突出的施工队伍。

（2）施工单位从工程开始就深入调查，主要从工程管理、技术、线路走廊等方面开展，发现问题及时与相关部门协商，并保留施工痕迹，这些都为下步工程签证提供了原始依据。

（3）施工单位从工程伊始，积极争取召开地方协调会，依靠政府力量解决工程难题。

（4）施工计划周密、施工方案翔实有效是该工程顺利竣工的物质保障。每个工序、每道重要环节项目部都要提前制订计划，并依计划编制方案，之后逐层审核、相互推敲，直至定稿。

（5）实现工程档案资料与工程进度同步，强化档案预立卷管理，保证归档文件资料真实、完整、准确、系统，实现了资料归档的高效性，一次通过国家电网公司档案资料审核。

四、QC 课题研究及新工艺应用

（1）接地引下线煨弯器是针对铁塔接地引下线制作研制加工的专用工具，方便接地引下线煨弯制作，具有体积小携带方便、制作效果好、工艺美观、提高工作效率等特点。

（2）转角塔基础斜率监测控制仪的应用，可以对转角塔基础顶面斜面进行有效控制，提高转角塔基础斜面的制作精度。

（3）使用垮顶（千斤）调平器对横担等超长件组装进行地面支垫调平，可防止塔材因支垫不平造成弯曲变形和安装困难。

（4）应用无线数字测力仪和倾角与吊装载荷测控报警系统，这两种设备主要受力部位、额定吊装载荷和摇臂抱杆允许倾角的实时监控和报警，为验证铁塔组立受力计算、合理配置组塔工器具资源，以及及时纠正现场不安全行为或安全隐患提供了有效数据支撑。

（5）导线使用剥线钳可以有效节省施工时间，提高施工效率，满足施工工艺要求。剥线钳操作简单，工艺美观，能够使导线穿管工序有效开展，避免因工作人员技能差异造成施工工艺的不同，且这种新工具易于推广，操作人员能够很快掌握并用于现场施工。

（6）使用导线压接管护套热缩管可以有效防止导线接续管因子线间相互鞭击而损伤导线。

（7）采用热缩管技术保护地脚螺栓。

第十三章

工 程 建 设 监 理

第一节 总 牵 监 理 管 理

一、机构设置

工程开工前,甘肃光明监理公司成立河西走廊 750 千伏第三回线加强工程总牵各监理项目部, 配备总监 2 名、安全质量监理师 2 名、档案信息管理人员 4 名、视频监控人员 6 名, 设置在甘肃省酒泉市, 采用独立的办公场所, 办公设备配备齐全, 并保证所有人员工作及时到位。

二、总牵监理服务措施

1. 完成前期资料报审的统一策划工作

工程开工前, 按照第一次工地例会的要求, 结合近年来参与的多项重点工程的创优工作的经验, 总牵各监理项目部组织各设计、监理、施工项目部, 广泛征求各家意见并进行采纳, 统一报审资料的相关细节要求, 下发《河西走廊 750 千伏第三回线加强工程报审表统一格式要求》。在各分部工程开工前, 邀请国家电网公司、国网甘肃省电力公司及参建单位相关专家, 组织制定《河西走廊 750 千伏第三回线加强工程技术资料填写手册》, 有效避免后续工程资料返工, 确保资料与工程进度同步, 节省了资源。

2. 做好工程施工质量管理和工艺要求的统一管理

针对本工程各分部工程的统一工艺要求、隐蔽工程签证表式、质量验评项目划分表及编制说明、基础工程原材料试验报告样表及填写说明、施工评级记录表式及填写说明、物资供应商提供的质量证明资料等, 总牵各监理单位要求与表式模板统一, 并细化到字体、边距等的统一, 经征求意见后及时书面下发执行。为加强质量管理标准和要求，细化控制记录统一，及时做好牵头工作。

3. 积极协助业主项目部开展各项日常管理工作

总牵各监理项目部各级人员本着积极、主动、热情的服务态度，认真、严谨地协助业主项目部开展各项工程管理工作，包括组织、主持相关会议，协助起草会议纪要、跟踪落实相关业主要求，及时报送相关信息、开展相关检查活动等，及时完成业主项目部交办的各项工作。

4. 牵头各监理项目部加强过程管理

总牵各监理项目部主动征求各标段各监理项目部的管理意见，积极协调各项工作关系，准确把握牵头监理的工作尺度，通过在重要阶段组织各监理标段开展监理工作自查，通过召开项目总监座谈会等方式，使各监理项目部相互学习，共同提高，通过有效的预控措施及严格的过程管理和合规的事后处理，统一本工程监理工作的标准。

5. 协助业主开展中间验收

在各分部工程中间验收阶段，总牵各监理项目部配合业主编制各阶段中间验收方案，牵头配合开展中间验收工作，通过扎实的检查验收以及整改闭环工作，为确保工程建设质量严格把好验收关。

6. 牵头做好竣工前的监理初检

竣工预验收前，根据相关管理文件和本工程实际管理情况，总牵各监理项目部及时书面下发监理初检工作要求，并跟踪过程执行情况，为竣工预验收工作的顺利进行做好基础工作。

7. 抓督导，督促任务落实

本工程参建单位多，协调工作量大，涉及甘肃省内外多家设计、监理施工单位，作为牵头抓总项目部，站在全局的高度，合理规划，及时加强督促检查，掌握各项目部工作任务的落实情况，发现问题，及时协调解决，做到岗位责任明确、任务分解到位、工作落实到位。重大事项由建管单位召开工程协调会议进行督查，日常性的工作进展由总牵项目部专职监理师进行督查。

8. 抓宣传，营造良好氛围

总牵项目部以开展重要节点和各项专项活动为契机，采取形式多样的舆论宣传。充分利用报刊、广播、电视等多媒体，大力宣传工程建设过程中的先进事迹，大力宣传在生产一线做出突出贡献的优秀员工，营造浓厚氛围，形成强大声势，激发大家"干事、创业"争创行业能手的积极性。坚持采取座谈会等形式，定期不定期地与各项目部统一思想，交流工作经验，倾听意见和建议，积极学习借鉴各项目部的好经验、好做法，取长补短，再接再厉，为后续总牵监理工作积累更多经验。

第二节　监理组织管理

一、组建监理项目部

受国网甘肃省电力公司建设分公司委托，甘肃光明、湖北环宇、四川赛德、吉林吉能、山东诚信等监理单位针对工程规模、工程特点及监理管控重点成立了监理项目部，具体负责河西走廊 750 千伏第三回线加强工程各自标段内的监理工作，并将《监理项目部成立及总监理工程师任命文件》报送建设管理单位备案。任命有一定工程建设施工及监理经验的人员为总监理工程师，配备齐全总监代表以及专业监理师、现场监理员、高空监理员、技经、环保、水保、信息资料管理等专业监理人员，全过程满足工程监理需要。

二、监理策划

各监理项目部在开工前，由总监组织总监代表、专业监理师、安全监理师，依据建设管理纲要、设计图纸等有关文件，并结合项目管理实施规划，编制本工程监理规划，在第一次工地例会前，报业主项目部审批。审批合格后作为监理后续工作的纲领性文件，在监理过程中及时组织修订、重新报审。以批准的监理规划、施工方案等为依据编制《监理实施细则》，各监理项目部制定的管控措施和实施细则在工程监理过程中全部落实到位。

全过程做好监理交底工作。各项目总监组织监理项目部全体人员对监理单位有关要求、工程策划文件等进行交底工作，就监理组织机构、监理职责、监理工作程序和方法，以及对质量、进度、投资控制的要点进行说明，明确了工作调配和方法。对各分部工程的监理内容、监理方法及停工待检点、见证点、旁站点的设置做出明确的交代，并对监理服务提出严格的要求。累计完成交底 1664 人次。

三、文件审查

各监理项目部依据国家及行业有关法律、法规、规章、标准、规范和承包合同，对承包单位报审的工程文件进行审查，并签署监理意见。审查完成项目管理实施规划、施工方案等报审和管控类文件 35 类 2765 份（件），有力支撑工程建设全过程管理。确保了工程资料形成与工程同步，按期进行移交归档。

四、关键控制点设置

1. 巡视

监理人员对正在施工的部位或工序进行定期或不定期的监督检查。本工程需监理巡视内容主要如下：

（1）基础工程。基坑开挖、钢筋绑扎、模板支护、养护。

（2）铁塔工程。材料运输、地锚埋设、铁塔组立。

（3）架线工程。材料运输、跨越架搭设、滑车悬挂、挂紧线及附件安装。

2. 见证取样

对规定的需取样送试验室检验的原材料和样品，经监理人员对取样进行见证、封样、签认。监理人员监督取样过程，严格按照取样要求进行取样送检，确保取样的代表性。本工程需见证取样的原材料及样品如下：

（1）基础工程。砂、石、水、水泥、钢筋、外加剂、阻锈剂、机械连接试件（含连接工艺）、焊接试件（含焊接工艺）、混凝土试块等。

（2）架线工程。导地线压接试件。

3. 旁站

监理人员按照委托监理合同约定对工程项目的关键部位、关键工序的施工质量、安全实施连续性的现场全过程监督检查。

根据《国家电网公司输变电工程施工安全风险识别评估及预控措施管理办法》[国网（基建/3）176-2015]中输变电工程三级及以上施工安全风险管理人员到岗到位要求，对三级及以上风险旁站监理，其中铁塔组立作业可采取旁站或巡视方式。

本工程需质量旁站部位包括基础混凝土浇筑、灌注桩钢筋笼入孔、塔全高在 100 米以上的平口以上部分组立、接地线焊接、防腐、敷设、导地线压接、光缆接续等。

4. 平行检验

监理项目部在施工项目部三级验收合格的基础上，按照不低于 10%的抽检比例对各分部工程实体质量进行抽样检查。

第三节　监理过程管控

一、安全管理

1. 目标完成情况

开工以来，在业主项目部精心策划、各参建单位积极落实下，工程所制定的各项安全目标全部实现，具体情况包括未发生六级及以上人身事件；未发生因工程建设引起的六级及以上电网及设备事件；未发生六级及以上施工机械设备事件；未发生火灾事故；未发生环境污染事件；未发生负主要责任的一般交通事故；未发生基建信息安全事件；未发生对国家电网公司系统单位造成影响的安全稳定事件。

2. 风险管控

风险管控按照"全面复测、准确识别、合理预控、检查到位"原则开展。开工前由各监理项目部组织梳理全线三级及以上风险清单，策划风险预控措施、制订风险管理制度。在施工过程，监理项目部严控三级及以上作业风险，参与三级及以上作业安全风险交底及风险初勘复测，审核施工项目部《作业风险现场复测单》。要求施工项目部在每月初根据下月施工计划进行作业项目动态风险等级复测，制订风险预控措施，各监理项目部对动态风险取值进行复验，根据复验结果审核制订预控措施的合理性和可操作性，对施工中危险性较大的跨越架搭拆、深基坑开挖、吊车组塔专项施工方案、内悬浮外拉线组塔一般施工方案等 517 项三级及以上风险作业点，各监理项目部先进行施工方案审查，施工过程进行全过程安全旁站监理，共形成监理旁站记录 2765 余份，确保三级及以上风险点作业管控到位。

3. 安全检查

在施工阶段，安全检查作为各监理项目部最主要的安全管控手段，其形式有巡视、定期、专项，检查内容涉及技术方案、施工人员、施工机械、施工器具、施工人员安全防护用品、施工用电、分包安全管理、文明施工设施落实、应急物资等。针对各类检查、签证发现的安全问题，及时下发《检查问题通知单》，督促施工项目部整改落实，并对整改结果进行复查。

4. 安全签证

各监理项目部制订安全签证检查制度，在施工过程中严格制度执行，对重要设施入场、重要安全设施使用、重大工序转接均实行签证检查制度。主要完成的签证检查项目包括工程项目开工、基础转序立塔、立塔转序架线、大中型起重机械、跨越架等，累计完成签证检查记录 1164 份。

5. 安全应急管理

各监理项目部依据本工程统一制定的《750 千伏河西电网加强工程（甘肃河西第二通道）应急管理方案》，分阶段开展不同项目的应急演练。

协同施工项目部完成触电应急演练、高空作业坠落、防火灾事故、食物中毒、夏季高空作业中暑、群体发事件、急性传染病等演练，同时根据实际情况，制订针对性的防沙尘暴应急演练，累计完成应急演练项目 53 项。

6. 安全旁站

依据制定的《监理实施细则》开展安全旁站监理工作，三级风险及以上旁站项目包括索道运输、铁塔组立（临近带电体、吊车铁组立、内悬浮内拉线、内悬浮外拉线）、张力场导地线展放、牵引场施工等累计 15 项，所有三级以上作业点全部进行旁站，旁站覆盖面达 100%。依据安全监理旁站方案，对作业环境、施工人员、施工机具、施工材料、施工技术方案执行、安全措施落实等方面进行检查，发现问题 731 余项，整改 731 余项，消除安全隐患 256 条，旁站过程安全一直处于可控状态。

7. 安全主题活动的开展

（1）"六必查活动"。全面贯彻落实《国网基建部关于切实加强输变电工程作业现场施工安全风险管控的通知》（基建安质〔2019〕50 号），深刻吸取事故教训，全面排查安全事故隐患，进一步做好当前安全生产工作。根据国网安监部批转《国网辽宁省电力有限公司关陕西丹凤县 "7.3" 事故调查情况的报告》的通知、《国家电网有限公司关于开展电力建设工程施工安全专项监管自查的通知》《国网甘肃建设分公司关于从严工程项目安全 "六必查" 工作要求的通知》要求，各监理项目部在 2019 年 7～8 月，组织开展为期两个月的 "六必查活动"。通过开展 "六必查活动"，现场交叉作业更加规范化，责任更加明确化；分包管理更加到位，施工项目部均能够与分包单位作业做到 "三同时"；安全管理制度的各项要求能够落到实处；安全技术交底更加规范，交底内容更贴近现场；安全隐患进一步消除，安全措施、安全防护用品的使用更加齐全规范。

（2）安全生产月活动。2019 年 6 月，按照统一部署，各施工、监理项目部编写《"安全生产月" 活动方案》，围绕 "防风险、除隐患、遏事故" 主题，集中开展系列安全生产宣传教育活动，突出重点领域和关键环节问题整改、典型宣传、隐患曝光和网络宣传、知识普及、有奖举报，组织人员观看《生产安全事故，典型案例盘点（2019 版）》《铭记教训——电力企业典型事故案例回放与分析》等影片内容，全面增强全员应急意识，切实提高防灾减灾救灾能力，不断提升全员安全素质，确保电网安全稳定运行和电力可靠供应。

（3）新安规知识竞赛。依据《国家电网公司电力安全工作规程》《国家电网有限公司输变电工程安全培训大纲和考试题库》文件，组织各参建单位开展网络大学新安规知识考试。通过网络大学新安规知识考试形式，有效保障各单位安规在现场实际应用的落实。

二、质量管理

1. 严把材料质量关

各监理项目部坚持从源头抓起，严把材料采购、检验、保管、使用关。基础工程开工前，监理人员会同施工单位一道实地审查商混凝土供货商的资质、生产规模及生产设备、砂、石场，选择质量和供货能力较好的厂家。对于基础钢筋等原材料，专业监理师首先对钢材资质证明文件进行审查，对施工单位自行加工的基础钢筋及焊件、机械连接进行见证取样并送检，同时督促施工单位做好基础材料的现场保管和跟踪管理。铁塔分部工程塔材进场后，特别是架线分部工程各种导线、地线及绝缘子等材料，种类多、数量大、供货厂家多，各监理项目部根据各种材料的到货情况及施工项目开箱申请，会同物资、厂家代表、施工单位代表对到货材料，及时会同物资、厂家代表、施工单位代表对材料进行现场交接检查验收，形成会议纪要，发现问题及时提出整改，严禁不合格材料进入现场使用，为确保工程质量夯实基础。

2. 严把工序质量关

（1）严格旁站监理，加强工程过程控制，确保工程一次成型。在监理过程中，各监理项目部先后投入近 148 人参与现场旁站监理工作，在组塔和架线阶段增加高空监理人员 21 人，加强高空作业质量控制。同时，监理人员认真填写监理旁站记录表，形成基础旁站监理记录 1772 份、铁塔旁站记录 235 份、架线旁站记录表 2652 份，旁站记录齐全、完整。

（2）加大巡视检查力度，确保各项质量保证措施有效落实。基础分部工程面临施工队伍多、工期紧等实际情况，为确保监理工作量，各监理项目部采用分散与集中相结合的两级监理模式，全面负责所在队的具体监理工作，各监理项目部相关负责人坚持每日到各施工现场进行跟踪和巡视检查，监督监理人员现场到位及监理工作开展情况，实现了各监理项目部内部良好的监督作用。

铁塔组立施工中，各监理项目部在组织现场监理人员进行巡视检查的基础上，加大巡视力度，确保巡检覆盖各个施工班组、各施工作业现场，重点检查塔材的运输、地面组装、吊装等各个环节的质量，保证措施及质量通病措施的落实情况。

通过经常性的巡视和检查，有效促进铁塔组立质量管理水平的提高，除按规定进行巡视监理外，监理人员还采取重点跟踪的监理方法，对重要施工工序、力量薄弱施工班组、质量问题突出的部位加强跟踪检查，对发现的问题及时督促整改，使现场施工质量明显提高，确保工程质量的可控、在控。

各监理项目部对张力放线、压接、导地线升空、紧线、附件安装、平衡挂、跨越架搭设等现场进行巡视检查，重点对导地线压接质量、放线过程中接续管及导线保护措施的落实进行检查；在紧线中，重点检查导、地线的弛度偏差和对跨越物的限距；在附件安装中，重点检查附件安装工艺、预绞丝缠绕、间隔棒、螺栓紧固情况，对于现场巡视检查中发现的问题，监理人员能及时指出，跟踪复查整改情况，实现整改闭环管理，确保架线施工质量工艺符合相关文件要求。

3. 强化事前质量预控，严格重要工序检查签证

现场监理人员对工程项目质量检查验收分级项目表中的见证点 W、停工待检点 H 及旁站点 S 均进行了重点跟踪检查，同时根据监理管理办法相关要求，对重要的工序进行检查签证，未经监理签证认可不能进行下道工序，通过检查签证，促进施工质量的提高，取得了很好的效果。

4. 巩固成品质量，加强成品保护

在各分部工程施工过程中积极督促施工单位加强成品保护力度，严格按施工措施有关要求施工，督促施工单位制作专用工具对成品进行保护，确保成品质量并组织人员对成品保护情况进行巡视检查，严防外力对施工成品造成破坏，确保成品保护效果。

5. 严把施工工艺关，加强标准工艺落实

施工工艺是创优工程考评的一项重要内容，在保证工程质量符合设计、规范的前提下，保证施工工艺质量，是监理质量控制的一项重要内容，施工准备阶段各监理项目部按照业主项目部提出的目标和要求，认真开展标准工艺监理策划，明确标准工艺的应用范围、关键环节，制订有针对性的工艺质量控制措施、检查方法。审核施工项目部标准工艺实施策划文件。各监理项目

部各分部工程开工前，及时转发上级有关施工工艺文件，组织对监理人员标准工艺的宣贯和培训。参加标准工艺样板验收并形成记录。在施工过程中，对标准工艺的实施效果进行控制和验收。主持标准工艺实施分析会，及时纠偏，跟踪整改。

通过开展标准工艺应用活动，本工程标准工艺应用率达 100%，标准工艺样板验收记录齐全，标准工艺应用效果满足国家电网公司和建设管理单位相关要求。

6. 加强强制性条文控制，强化质量通病防治

按照《输变电工程建设标准强制性条文实施管理规程》（Q/GDW 10248—2016）的规定，明确管理过程中的各项要求与措施，在实施过程中细致到每一基基础、每一道工序，强化现场控制，做到真正意义上的"强制性条文强制执行"，确保工程质量。在分部工程验收时，总监理工程师组织对施工单位执强制性条文情况进行阶段性检查，检查结果填入《输变电工程施工强制性条文执行检查表》。针对在监理检查及上级检查中发现的问题，各监理项目部及时下发监理通知单要求及时进行整改，各参建设计及施工项目部针对整改内容，本着举一反三的态度，立即组织整改，保证工程建设强制性条文的执行效果。

质量通病防治措施明确了各级人员的防治职责，加强过程中的全面落实。施工过程加强对工程质量的检查，发现问题及时处理。根据主要质量通病的原因分析，制订相应的防治措施，并对施工过程对照检查，确保工程质量一次成优。严格落实铁塔、架线质量通病防治，加强现场培训教育和检查验收，重点抓好架线阶段导线弧度、金具安装、铝包带缠绕、引流安装、压接穿管压接不到位、压接管曲、导线损伤、导地线弧度超标、子线间弧度超差等突出质量问题，建立质量检验实名制，质量责任落实到人。

7. 严把监理验评关，实现工程零缺陷

各监理项目部对工程质量验评工作高度重视，在施工单位完成三级质检的基础上，严格按照业主项目部的有关要求对基础、铁塔及架线工程分别进行初步验收。为使验评真实全面地反映工程施工质量，在抽样时，各监理项目部力求涵盖不同基础及塔型，保证抽样的合理性，现场数据的测量和记录全部由监理人员独立完成，有力保证各种记录、数据的真实性，真实反映施工真实水平。对于监理验评发现的问题，各监理项目部及时发出《监理通知单》，要求施工项目部按照举一反三的原则认真整改，并要求施工项目部将整改情况以书面形式向各监理项目部报验。对于报验的复查，各监理项目部严格检查，确保已整改合格后签署意见，完成闭环管理，确保监理验评效果，监理初检所检项目均符

合设计及规范要求。

8. 质量评价

各监理项目部制订专项质量控制措施，包括隐蔽验收部位、内容，旁站项目、控制要点，平行检验标准、定期巡视检查计划等，并全员交底。施工过程中运用监理控制措施，严格执行施工策划文件、规程规范及设计文件，完成地基验槽、基础垫层、基础钢筋工程、混凝土浇筑、基础防腐工程、铁塔组立、导地线压接等隐蔽验收及平行检验工作，对不符合要求的部位和工作内容及时以口头通知或纸质通知单形式下发，跟踪整改落实，确保每项工作落到实处，签发施工项目部隐蔽验收记录 2345 份、平行检验记录 1406 份、见证记录 750 份，起到良好的闭环管理。

在参建各方的共同努力下，已完成设计图纸、合同范围内全部工作，各单位工程在施工单位三级自检的基础上完成项目档案管理、现场实理初检工作，并对存在的问题下发监理工程师通知单，形成闭环管理。本工程所含各分部工程质量全部合格；质量保证资料齐全完整；相关安全和功能的检测资料完整；主要功能项目的抽查结果符合相关专业质量验收规定；质量通病防治措施到位，防治内容均已落实；强制性条文执行到位；工程实体符合标准工艺要求，建（构）筑物工程质量符合设计及现行施工验收规范要求，满足结构安全及使用要求，质量评估等级为合格。

9. 组织开展安全责任量化考核工作

按照《国家电网有限公司输变电工程安全质量责任量化考核办法》[国网（基/3）956－2019] 要求，对安全质量管理投入、风险管理、施工方案管理、作业过程管理、安全管理纠偏、安全培训管理、质量验收管理、作业层班组管理、分包安全管理等综合部分 9 个方面 55 个项目；对临时用电、消防、高处作业、交叉作业、起重作业、个人防护、临近带电、安全工器具、架线施工等安全部分 8 个方面 56 个项目；对质量部分 1 个方面 8 个项目分阶段进行多次检查，发现问题 345 条，整改 345 条，管控效果明显。

三、造价管理

各监理项目部能够准确掌握工程施工和进度情况，依据清单报价和设计文件对已经验收合格的工程实施工程计量，就工程量的真实性、准确性等提出监理意见，并作为进度款支付依据。及时收集、整理有关施工和监理资料，为处理费用索赔提供证据。同时在监理过程中，对发现有影响工程质量方面的设计问题，督促施工项目部提出设计变更联系单申请，合理修改，确保工程质量。对施工中发现的设计漏项、缺项、缺料等设计问题认真核查，按规定逐级汇报请批。做到为工程服务，为业主诚信工作。

四、技术管理

（1）各监理项目部及时掌握最新法律、法规、规程、规范、技术标准等文件，建立《监理项目部技术标准目录清单》，并及时滚动更新。贯彻执行并督促各参建单位执行国家、行业和国家电网公司颁发的相关技术标准、规程、规范及技术文件。

（2）熟悉施工图纸，对施工图进行预检，汇总施工项目部施工图预检意见，参加由业主组织的施工图设计交底与图纸会检，提出监理意见，并对施工图会检纪要进行签字。

（3）严格审批施工项目部上报的一般施工方案、超过一定规模的危险性较大的分部分项工程专项施工方案，并报业主项目部审批。工程施工过程中，发生管理关系、工期调整、工程变更等变化时，要求施工项目部重新对方案进行修订，履行内部编审批程序，并按规定进行报审。

（4）本体施工难度大，特殊施工多，危险性较大的分部分项工程多，施工方案的编制水平将很大程度影响到工程的安全、质量。鉴于此监理项目部将针对重要专项施工方案采取如下措施：

1）打破常规，各监理项目部协同审查。依托技术及人力资源的优势，通过网络建立 QQ 群交流平台的手段，邀请各项目技术人员集中进行审查，补齐单一各监理项目部审查技术经验不足的短板，发挥集体的力量，攻坚克难。

2）依法合规，严格方案审批流程，坚持方案严肃性。要求各施工项目部在相关工程施工前，严格按要求编写施工方案，并严格按照相关要求履行手续，审批通过后方能施工。工程施工过程中，严格监督方案的执行，未经审批或擅自变更的施工方案，一律严禁施工；如确实需要变更方案，应履行原审批手续。

3）对深基坑施工、跨越黄河、铁路、高速公路、电力线等重要特殊施工，督促施工项目部提前做好专项施工方案的编制、审查并组织专家评审。严格审核专项施工方案和安全措施，明确提出监理意见，参与专项施工方案的安全技术交底，督促施工项目部严格贯彻落实已批准的专项施工方案和安全措施，并对落实情况进行检查。

五、进度管理

1. 施工准备阶段进度控制措施

（1）收集、熟悉设计文件、合同文件、施工招标文件、现场条件等资料。督促设计院按要求制订设计图交付计划，督促设计院按时交图。

（2）总监理工程师审批承包商报送的施工总进度计划。重点检查其编制原则、工序逻辑关系、关键路径、资源配置是否满足工程里程碑计划的要求。

（3）审核承包商特殊外界环境下的进度保证措施并监督落实。

（4）督促承包商做好施工准备，检查承包商的开工条件，审批开工报告并签署开工令。

2. 施工及竣工验收阶段进度控制措施

（1）审查施工项目部报审的施工总进度计划和阶段性施工进度计划，提出审查意见，由总监理工程师审核后报建设单位。

（2）对进度计划实施情况进行检查分析，并记录实际进度及其相关情况。

（3）审核施工承包商劳动力、机具的投入计划是否满足要求。对施工承包商拟用于本工程的机械装备的性能与数量进行核对，发现不能满足施工进度需要时，书面通知施工承包商进行调整。

（4）定期召开施工现场协调会议，检查合同有关工期条款执行情况，解决影响工程进度的有关问题，特别注意协调承包商间的重要工序交接。

（5）掌握设备材料采购全过程的情况。监测从材料、设备订货到材料、设备到达现场的整个过程，及时掌握动态，分析是否存在潜在的问题；督促有关单位做好物资设备到货和清点。

（6）督促设计、设备、材料供应等单位及时配合施工，解决存在的问题，保证施工顺利进行。

（7）协助业主项目部和承包商加强与当地政府的联系，处理好地方关系，及时处理与当地的纠纷，减少出现工程受阻的情况。

（8）定期召开工程进度分析会，分析、解决工程进度存在的问题。并向建设管理单位提交项目进度控制及其存在问题的分析报告。当实际进度符合计划进度时，应要求承包商编制下一期进度计划；当实际进度滞后于计划进度时，专业监理工程师应书面通知承包商采取纠偏措施并监督实施。

3. 验收、启动与移交阶段进度控制

（1）根据调试计划、调试方案制订相应的进度控制措施。

（2）针对竣工预验收、验收制订相应的进度控制措施。

（3）对竣工档案资料的整理、移交制订相应的进度控制措施。

六、合同履约管理

（1）在合同管理中，必须以合同文件为依据，实行履约检查制度，以程序化管理作为核心，加强工程纵向、横向联系和接口协调。

（2）建立完善的合同管理体系，运用法律、经济手段对合同的订立和履行进行指导、监督检查，防止违法行为，处理经济合同纠纷，作为公正的第三方保护合同双方的合法权益。

（3）强化合同管理意识。

1）在工程施工中，注重强化合同管理意识，认真研究、理解、运用合同条款，收集和整理各种施工原始资料及数据，明确工程中的风险、重点及关键性问题，提高合同管理水平。

2）监理合同的履行中，严格履行应尽的义务，行使享有的权利，确保合同履行率达到100%。

（4）建立合同评价机制，完善合同管理运作方式。

1）按照国家有关法律、行政法规和地方政府规章，电力、建筑行业相关标准、规程规范及建设管理单位授权范围，理顺各方关系，建立合同评价机制，做好合同管理。

2）合同制定实施过程中，监理项目部充分认识和理解合同，依据合同进行项目管理。同时，督促各参建单位严格按合同执行。在合同执行过程中，制定合同履约管理流程，进行合同条款评审，严格管理参建各方的行为。

（5）合同实施过程中的履约检查。

1）分析建设管理单位及设计、施工、设备材料采购、调试等单位合同履约情况，依据施工合同条款的规定及时解决争议和索赔问题，发现问题及时通报，并配合组织协调。

2）履约检查的成员由建设管理单位及其工程管理职能部门、监理工程师、设计单位、承包商代表组成。

3）拟订基本的检查阶段，如施工图、施工准备、施工高峰、重点及关键工序以及完工收尾阶段等，保持现场跟踪检查，对项目实施中存在的问题加大检查频率和力度，并监督其限期整改。

4）根据施工合同中的工程量、进度款支付的要求，审核施工项目部报送的工程量清单、进度款支付申请，报送业主项目部。

5）参加业主项目部组织的工程结算。

6）审核施工项目部提交的保留金支付申请，报送业主项目部。

七、信息与档案管理

（1）建立信息档案管理体系。包括设置专职档案信息管理员、建立健全信息管理工作制度和工作流程、制订信息管理工作计划及管理实施细则。坚持专人专管、资料与工程建设同步形成的原则，监督施工项目部及时完善施工资料，加强资料检查力度，增加检查频次，确保工程资料及时、真实、完善。

（2）注重顶层设计，推进同步管理。各监理项目部高度重视档案工作，建立国网甘肃省电力公司、甘肃建设分公司和参建单位三级档案管理体系。坚持项目档案与项目建设同步部署、同步检查、同步验收。

（3）注重制度建设，统一规范标准。开展项目档案工作策划，制订标准化手册，规范管理流程，并系统培训参建单位档案人员，明确要求，统一标准，为项目档案的规范管理奠定基础。

（4）重过程管控，开展档案工作巡查，实行定期督查的管理模式，提高档案整理质量和档案移交效率。

（5）注重信息化建设，开展电子档案管理。采用工程矢量馆大数据创新平台电子档案，建立全文数据库，实现全部项目档案的全文挂接和在线浏览。

本工程形成纸质项目档案 1864 卷，含竣工图 593 卷，影像光盘 29 张，照片档案 29 册、1560 张。

第四节　监理过程创新

在工程建设过程中，按照建设单位管理要求，各监理项目部全体人员在总监理工程师的组织下积极作为，通过不断学习与现场实践，积累经验，努力创新。

针对工程实际情况，考虑到参建单位（标段）多，QC 小组成员进行认真分析，开展活动确定选题，制订活动目标，统计分析，寻求主要影响因素。针对主要影响因素，经过讨论研究制订相应的对策措施，且在本工程实施时派专人负责落实，编制对策表。按照对策表措施实施后，总牵与各参建单位之间联系畅通无阻，对业主项目部下达的通知和指令执行到位，能够及时、准确地上传下达工程建设期间的相关要求，目标处于受控状态。经过几个月的实施，各项计划目标已全部实现，达到预期目标，提高了团队工作质量，丰富了团队解决问题的思路与方法，形成 QC 成果《提升总牵监理协调管理效率》，获得 2019 年电力建设质量管理小组成果三等奖"，获奖证书如图 13-1 所示。

图 13-1 《提升总牵监理协调管理效率》获奖证书

隐蔽工程阳光验收。隐蔽验收就是指在施工过程中，对将被下一工序所封闭遮盖前的分部、分项工程进行检查验收，是在施工项目部经过自检合格后向监理提出工序质量报验，专业监理师在检查复核质量标准后签署"同意隐蔽"方可进行下一道工序施工的过程。各监理项目部通过隐蔽前拍照、隐蔽后留影存档等手段，避免了一些人为错误的发生，给后续问题的查找提供了有力保障，具有良好的追溯性。

报检"0 小时"制度。本项目工期紧迫，为紧跟工程进展，落实建设单位工期目标要求，各监理部实行报检不过夜的报检制，即项目工程报检在施工单位自检合格的基础上，监理人员在掌握工序质量的前提下，在较短的时间内到达工地实行"0 小时"报检到场制，突破了 24 小时对检验批及工序报检时间。经过实践起到很好的效果，促进工程进展，得到了施工单位的欢迎，受到了建设单位的肯定和赞赏。

材料检验的封样库制度。保证施工质量材料的质量是基础，其重要性不言而喻，在实际的检查验收过程中，本项目实行封样库制度，在每个项目部设立封样库，针对每一批次材料进场，各监理项目部在见证抽样送检同时，多留一组试件存放于封样库，封样库的日常管理由各监理部统一管理，样品留存时间为直至工程通过竣工验收之日。

旁站监理记录表表格化格式化。依据 2018 版监理标准化手册的格式要求，根据不同的关键工序及重点部位，统一制订旁站记录表格式和旁站内容标准，采取填报对号入座形式，克服了原来手工记录不规范、内容容易遗漏记录不全、费时费工的缺点，给监理管理增添了一项特色，得到了建设单位的认可及表扬。

实现全员安全责任制。管专业必须管安全，明确负责专业监理师是该专业安全第一责任人，本楼号总代（主管）负责本区域的安全总体，并签署人员安全责任承诺书，具体明确本人在安全管理中所需履行的各项安全职责，提高人员安全监督管理主动性。

施工综合量化考核。针对本项目标段划分多、参建单位多、工程任务重的特点，总牵监理部配合建管单位实行定期针对质量、安全、进度、文明施工管理进行量化考核评分，得分在月度协调会中进行公示，对排名靠后单位起到警示作用，对前一、二、三名进行奖励。考核内容包括人员到岗情况、安全施工管理、文明施工管理、质量与资料管理等，效果明显。

第十四章

工程竣工及创优

为确保工程按里程碑进度计划安全、稳步推进，实现创建国家优质工程的既定目标，工程开工前，甘肃建设分公司建立健全工程创优组织、制订工程创优等策划文件，搭建工程创优平台；工程建设过程中，督促各参建单位不折不扣落实各项管理要求和措施，开展技术和管理创新，强化组织和领导，按流程开展工程相关验收工作，工程按期竣工。

第一节 启动验收委员会的组建与工作开展

一、启动验收委员会

2019 年 8 月 16 日，国网甘肃省电力公司下发甘电司建设〔2019〕596 号文，成立河西走廊 750 千伏第三回线加强工程启动验收委员会，全面负责组织工程竣工验收、启动调试、试运行和移交工作，决定上述各环节的有关重大事宜。启动验收委员会内设启动指挥组、工程验收检查组、生产准备组、应急保障组。

（1）组织并批准成立启委会下设的工作机构。根据需要成立启动试运指挥组、工程验收检查组、生产准备组，在启委会领导下进行工作。

（2）在启动试运前审查批准启动调试方案，检查启动调试准备工作；审查工程验收检查组报告，工程设计、质量符合验收规范要求，交接验收试验齐全、合格，安全卫生设施完成，协调工程启动外部条件，决定工程启动试运时间和其他有关事宜。

（3）在启动试运后审核启动调试、试运报告，主持工程移交生产的事宜、办理工程竣工移交手续，签署工程启动竣工验收证书和移交生产交接书，处理遗留问题（包括内容、要求、负责完成单位和应完成的日期），协调和决定专用工具、备品备件、工程资料移交事宜，部署工程总结、系统调试总结等工作。

二、下设启动试运指挥、工程验收检查组及生产准备组

组织有关单位编制启动方案，按照启动验收委员会审定的启动方案负责工程启动工作，对系统试运中的安全、质量、进度全面负责。组织并协调系统调度运行、继电保护、远动自动化保障工作，审查并确认各有关单位通信设备和方案，执行启动验收委员会的调试命令，指挥运行系统及调试系统设备操作。在启动前和启动期间进行工程检查和安全设施装置检查、巡视抢修、现场安全等工作。启动试运指挥组在工作完成后向启动验收委员会报告。

第二节　验收工作的组织实施

一、线路竣工预验收

1. 工程竣工预验收组织

甘肃建设分公司根据工程进展情况，提前编制《工程竣工预验收实施办法》，并分别成立以甘肃建设分公司为组长单位，运行单位为副组长单位，设计、监理、施工、厂家等参建单位为成员的竣工预验收组，统筹协调工程竣工预验收工作。竣工预验收组下设现场组和资料组，按照竣工预验收启动会议确定的职责、分工、预验收申请条件、验收依据、验收程序、方式、时间和具体任务安排，有序开展竣工预验收工作，确保河西走廊 750 千伏第三回线加强工程竣工预验收工作的顺利开展。

2. 竣工预验收情况

竣工预验收小组在施工单位开展三级自检（按班组 100%自检、项目部 100%复检、施工单位不少于 30%专检的比例）。监理单位初检（监理单位独立组织自己单位的验收人员，按照耐张塔及大跨越段全检、直线塔抽检不少于 30%的比例完成初检）完成的基础上，依据《110kV～750kV 架空输电线路施工及验收规范》（GB 50233—2014）、《110kV～750kV 架空输电线路施工质量检验及评定规程》（DL/T 5168—2016）、《工程建设标准强制性条文（电力工程部分）（2016 年版）》、《输变电工程架空导线（800mm^2 以下）及地线液压压接工艺规程》（DL/T 5285—2018）、《国家电网有限公司输变电工程达标投产考核及优质工程评选管理办法》[国网（基建/3）182－2019]、《国家电网有限公司电网建设项目档

案管理办法》[国网（办/4）571－2018]等相关文件进行检查。竣工预验收对现场实体和工程资料进行检查，现场对基础、铁塔、架线按各不小于 20%的比例进行抽查（其中耐张塔、重要跨越塔全检）。资料按工程管理程序、施工工序审查、施工文件的完整性，对各参建单位全过程资料进行检查。现场检查范围包括基面、基础断面、杆塔组装质量及转角杆塔的倾斜值、接地埋深及其电阻值、导地线展放质量、附件安装质量、接续管的压接质量及位置、导地线弧度及对地和对跨越物距离、风偏及通道清理等项目。

基础分部工程共检查 4 个分项工程，其中合格 4 项，合格率 100%。杆塔分部工程共检查 4 个分项工程，其中合格 4 项，合格率 100%。架线分部工程共检查 16 个分项工程，其中合格 16 项，合格率 100%。归档资料检查按竣工预验收方案的规定进行，总共归档资料 242 项 1356 份，全部满足要求。

3. 预验收消缺情况

针对发现的问题，各参建单位高度重视，针对验收的缺陷，实行层级管理，对缺陷进行科学分类，及时组织设计、监理、施工单位逐条消缺整改，并由监理单位进行监督、复检，确保消缺闭环。

4. 预验收结论

经过严格细致的竣工预验收与消缺，全线各施工标段均按照设计和合同要求施工完毕，工程资料与工程进度同步、齐全规范、数据真实有效，工程实体质量符合《110kV～750kV 架空输电线路施工及验收规范》（GB 50233—2014）、《110kV～750kV 架空输电线路施工质量检验及评定规程》（DL/T 5168—2016）规定要求，具备竣工验收条件。

二、运行交接验收

运维检修公司高度重视线路验收工作，分别成立验收工作组和现场工作组，从组织、技术、安全三个方面进行详细部署。

1. 运行交接验收内容及标准

以《国家电网有限公司输变电工程验收管理办法》[国网（基建/3)188－2019]等技术标准和工程设计图纸及设计变更作为验收依据，对河西走廊 750 千伏第三回线加强工程全线 1773 基铁塔进行验收，线路工程全长 839.73 千米。2019年 11 月底前完成运行交接验收工作，确保后续竣工验收的顺利进行。

运行交接验收分为资料组、通道组、铁塔组、走线组和测量组，为确保验收质量，验收过程中采取逐基登塔、逐档走线、逐项测量的原则，同时对通道进行逐档验收。验收过程中，所有验收成员携带工程设计图纸、变更、标准化验收作业指导书、关键检查项目表等技术资料，配备了数码相机、激光测高测距仪、经纬仪等仪器仪表。

（1）资料组主要对工程设计资料及施工资料、监理资料进行验收，重点检查设计变更、施工签证与现场符合性。

（2）通道组主要对线路通道进行验收，重点检查房屋拆迁、树木砍伐、通道清理情况、相关赔偿及保护协议签订情况等。

（3）铁塔组主要对铁塔电气、金具安装、结构等进行验收，重点开展铁塔与带电体电气距离满足要求、接地开挖、接地电阻测量、防振锤安装距离测量等内容。

（4）走线组主要进行导线、跳线施工质量检查，重点检查间隔棒安装质量、导线无受损、耐张塔绝缘子施工质量等内容。

（5）测量组主要进行弧垂测量、档距复核、基础复核等，重点进行相间导线弧垂、同相子导线间弧垂偏差、重要交跨净空距离等项目测量。

2. 复验

对运行交接验收发现的缺陷，各验收单位均及时移交施工单位进行消缺。施工单位完成消缺后，各运维单位按照初次验收工作标准，从组织、技术、安全等方面精心安排复验，确保工程零缺陷移交运行。

3. 验收发现问题及整改

分阶段检查发现问题缺陷 701 项，工程总体施工质量达到合格级标准，没有发现严重及以上的缺陷，主要问题集中在基面整理不到位、施工垃圾未清理、个别铁塔螺栓缺防盗帽、塔材镀锌层磨损有锈蚀、塔身缺少斜材、粘有泥土未清理、螺栓穿向不一致、绝缘子碗口不正、间隔棒迈步、个别通道存在清理不彻底等。通过各施工单位整改消缺后经各运维单位复检，所有验收发现的问题，均已得到妥善的处理。

三、竣工验收

1. 竣工验收组织

工程启动验收委员会成立线路工程竣工验收检查工作组，具体负责竣工验收检查工作。本次验收检查工作严格落实工程"三同步"要求，分现场组和资料组，环保水保通道验收由环保验收调查单位具体组织（单独安排），现场的检查和资料的检查同步进行，其中资料组的检查按照国网甘肃省电力公司监管范围，采取集中检查方式，检查要求严格按照《河西走廊 750 千伏第三回线加强工程档案管理工作方案》（甘电建设〔2019〕66 号）的有关要求执行。现场验收检查工作组依据《河西走廊 750 千伏第三回线加强工程启动验收方案》要求，采取听取汇报、组织座谈、问题及整改情况复核、现场抽查等方式进行现场检查。

2. 竣工验收依据

竣工验收检查组根据《河西走廊 750 千伏第三回线加强工程启动验收方案》、《110kV～750kV 架空输电线路施工及验收规范》（GB 50233—2014）、《110kV～750kV 架空输电线路施工质量检验及评定规程》（DL/T 5168—2016），以及经批准的工程设计文件和其他有关文件进行验收。

3. 竣工验收过程

根据工程启动验收委员会的安排，河西走廊 750 千伏第三回线加强工程竣工验收检查组组织相关单位分三个阶段对工程开展竣工验收。

第一阶段：2019 年 8 月 25 日～9 月 10 日，验收敦煌至莫高段（甘 1 标段）。

第二阶段：2019 年 10 月 10～30 日，验收河西至白银段（甘 5～7 标段）。

第三阶段：2019 年 11 月 25 日～12 月 15 日，验收莫高至酒泉段、酒泉至张掖段、张掖至河西段（甘 2~4 标段，张掖 750 千伏线路）。

资料验收组：2019 年 11 月 25 日～12 月 20 日。

重点抽查竣工预验收缺陷处理情况、导线压接质量、重要跨越及线路通道等方面。

本次验收共检查线路工程 8 个施工标段，总共抽查铁塔 152 基，其中耐张塔 58 基，直线塔 94 基，走线检查 120 档，接地检查 69 基。检查项目与内容包括：基础及铁塔工程部分，含基础表面质量、回填土、节点主材弯曲、结构倾斜、构件防盗、防松，铁塔镀锌和保护帽等；架线工程部分，含导、地线弧垂、接续管、导地线表面质量、金具、附件跳线及电气间隙、防振锤、间隔棒、开口销及弹簧销、绝缘子串、光缆余缆固定、接线盒固定、接地线、铝包带、耐张引流工艺等；接地工程部分，含接地电阻、接地体规格、埋深、引下线安装工艺等；线路防护设施部分，含房屋、树木等通道清理、线路杆号牌、相序牌、警示牌等防护标志、基础防护和交叉跨越等。

变电工程严格按照变电"五通"开展验收工作，做好相应记录，验收工作开展期间，每日向业主、监理反馈缺陷信息。对照新版十八项反措开展验收工作，针对新版反措发生变化或新增的内容，逐条核实评估并做好记录，及时提交各工作小组，由各工作小组联系甘肃建设分公司处理。根据《差异化运维检修策略》开展设备全项目验收工作，做好试验数据的记录和报告的整理。做好主设备特殊试验和检查项目的旁站见证。重点对主变压器、高压并联电抗器、HGIS 等设备到货验收检查，油浸式变压器类设备抽真空、热油循环工作、HGIS 设备现场装配、高空天字线挂接等关键环节做好把关和验收。

4. 竣工验收结论

竣工验收共检查 4868 项，其中关键项目 1817 项、重要项目 1746 项、一般项目 1305 项。根据现场检查情况，所检项目和数据质量均符合相关规程规范要求，工程质量合格。

对工程全部设施质量进行验收检查，工程启动、调试和 24 小时试运行正常，性能满足设计要求，工程质量符合国家规定达到设计和施工验收规范标准，工程质量总评为优级，启动验收工作符合工程启动验收规程的要求。

第三节 工程的质量监督

一、质量监督的组织

工程开工准备阶段，甘肃建设分公司提交《河西走廊 750 千伏第三回线加强工程电力建设工程质量监督注册申报书》，甘肃省电力工程质量监督中心站于 2019 年 3 月 29 日下发注册登记证书。

根据工程进度，甘肃建设分公司提前申请各阶段质量监督，质量监督中心站成立质量监督检查组，依照现场汇报、现场工程实体质量检查、责任主体质量行为检查、现场试验检测质量检查，监检组内部会、检查总结会等议程。在总结会议上，通报监督检查情况，宣读结论性意见，组织会签并下发各阶段专家意见书。

二、质量监督检查的实施

工程开工后，甘肃省电力工程质量监督中心站按照《输变电工程质量监督检查大纲》及工程建设强制性条文和有关标准、规程、规范的内容，通过听取汇报、查阅资料、现场查看、抽查实测、跟踪追溯、座谈提问、综合评议等方式，按照线路部分首次、杆塔组立前、导地线架设前、投运前 4 个阶段，以及间隔扩建部分首次、地基处理、主体结构施工前、电气设备安装前、建筑工程交付使用前、投运前 6 个阶段对工程进行质量监督检查。本工程累计进行质量监督检查 68 次，按不小于 5% 的抽检比例在各阶段进行监督检查。

按照国家能源局发布的《输变电工程质量监督检查大纲（2014 版）》和电力工程质量监督总站发布的《输变电工程质量监督检查标准化清单》，对建设单位、勘察设计单位、监理单位、施工单位、检测试验机构的质量行为和工程实体质量进行抽查验证。

1. 质量体系核查

项目经核查，国家行政主管部门核准文件齐全，已按照规定办理质量监督注册手续。在建设过程中，项目质量管理机构齐全，人员到位，各责任主体单位资质、专业管理人员资格符合要求。质量管理制度健全，工程质量处于有效控制状态。

甘肃建设分公司按规定进行了工程项目的招投标并与承包商签订了合同。《项目管理实施规划》审批手续齐全，组织进行施工图纸设计交底和施工图会检。

现场施工机械及工器具满足工程需要，进场的原材料、成品、半成品均检验合格。

设计图纸交付进度能保证连续施工，设计变更管理文件完整、手续齐全。

监理项目部根据规定对现场进行质量管理，对施工方案进行审批，对原材料进场进行见证取样检验，对《输变电工程建设标准强制性条文执行记录》分阶段进行检查。

施工项目部各工序施工作业指导书编、审、批、报审手续齐全，技术交底制度健全并认真实施，各类特殊工种人员的资格证书符合规定，计量器具检验合格并在有效期内使用，无违规转包违法分包工程的行为。

工程试验单位资质、检验人员资格与试验项目相符，检测仪器、设备检定合格且在有效期内使用，运行、维护人员配置满足生产需要，经培训考核合格，持证上岗。

2. 主要技术资料核查

编制工程采用的专业标准清单。《项目管理实施规划》审批手续齐全，对施工方案进行审批，原材料、成品、半成品的试验、检验报告和产品合格证齐全，主要材料跟踪管理和质量问题管理台账较规范。

工程实体质量经施工单位三级自检，监理初检和业主组织工程竣工预验收，资料齐全。

3. 工程重点抽查

线路部分：重点抽查各参建单位资质、工程主要管理和技术资料、原材料检测项目和内容，工程实体检测结果符合设计、现行规程和规范要求。抽样检测项目无超差数据，质量达到合格级标准。共提出质量行为和工程实体须整改的问题 256 条，经复查各阶段提出的整改问题均已整改闭环。

变电站部分：重点抽查各参建单位资质、工程主要管理和技术资料、原材料检测项目和内容，工程实体检测结果符合设计、现行规程和规范要求。抽样检测项目无超差数据，质量达到合格级标准。共提出质量行为和工程实体须整改的问题 56 条，经复查各阶段提出的整改问题均已整改闭环。

三、质量监督检查结论

经各阶段质量监督检查，建设、设计、施工、监理、运行等单位质量保证体系安全并有效运转，管理人员到位。施工、监理单位规章制度健全，技术资料齐全，工程质量施工单位已进行三级自检，监理单位进行初检，建设单位已组织运行单位进行工程预验收，对工程检查、验收中提出的问题施工单位已整改处理完毕，工程质量合格。

第四节　工程的创优

一、创优的组织体系

1. 成立创优组织机构

（1）工程创优领导小组。

组长：甘肃建设分公司分管领导。

副组长：甘肃建设分公司工程管理主要职能部门负责人。

成员：业主项目部项目经理、监理单位分管领导、设计单位分管领导、施工单位分管领导、物资供应项目负责人、运行单位项目处室主管。

（2）工程创优工作组。

组长：业主项目部项目经理。

副组长：总监、设总、施工单位项目经理、运行单位现场主管、物资项目负责人。

成员：总监代表、安全和质量监理工程师、设计工代（主设人）、施工单位项目副经理、总工、安全和质量专职工程师、物资供应部门现场代表。

2. 主要职责要求

（1）工程创优领导小组对工程质量管理的系统性及创优的整体性、一致性，进行统一协调管理。

（2）工程创优工作组负责将创优目标分解到设计、监理、施工等工程参建单位，明确各单位的创优工作责任，起到管理和督促的作用。创优工作组应定期召集创优会议，集思广益，落实创优组织措施、管理措施、技术措施、工艺措施，针对不同阶段的创优要求与现场参建各方进行沟通，保证贯彻始终，全员参与，规范有序。

（3）按照工程建设管理纲要规定，落实管理职责，组织业主项目部编制工程创优规划，组织开展二次策划，指导、检查、协调各参建单位创优实施细则编制和具体措施的落实，组织达标、创优工作开展，编制工程创优总结，负责组织工程创优申报、迎检等工作。

（4）各设计单位明确设计创优目标，根据工程创优规划，优化设计方案，从初步设计工作深度、施工图纸质量和进度计划、设计变更的管理、反措及强制性条文的执行、设计现场服务等方面制订具体的切实可行的创优设计实施细则，本着"工程创优，设计先行"的原则，工程设计达到国家优质水平。按照工程既定的创优目标，及时完成设计报优评选工作。

（5）监理单位根据工程创优规划及施工创优实施细则，编制监理创优实施细则，明确监理创优工作目标，并以此为主导，提升监理控制要点、工作流程、工作方法和措施，加强施工过程监理，监督设计施工创优实施细则及强制性条文计划的具体落实。

（6）施工单位根据工程创优规划，编制施工创优实施细则，明确施工创优工作目标和适合本工程的强制性条文计划、防治质量通病措施，并以此为主导，确定创优的重点工序，积极应用新技术、新工艺，解决施工质量通病，确保建成一流的精品工程。

（7）设计、监理、施工单位编写的创优实施细则，体现工程的特点、难点、亮点、创新点。设计、监理、施工单位的创优实施细则应由各单位的分管领导审批，在工程开工前报建设分公司审查。在工程竣工后，完成建设管理单位组织的工程达标投产、创优工作，编写工程的创优总结。

（8）甘肃检修公司参与工程创优策划；参与工程中间验收、竣工验收；加强记录管理；配合建设管理单位开展达标投产、创优申报、迎检等工作，编写工程运行总结、评价。

二、工程创优总体规划

工程建设全过程贯彻国家电网公司、国网甘肃省电力公司关于河西走廊
750 千伏第三回线加强工程创优的总体要求，工程伊始就明确了工程创优总
体目标、安全文明施工目标、质量目标、进度目标、投资控制目标、环境保
护与水土保持目标、科技创新目标及档案管理目标的责任主体和重点措施，
针对工程主要特点和难点，各参建单位能够认真组织、具体策划，编制相应
的创优实施细则，并在工程建设过程中严格执行、强化落实，建成了工程实
体质量过硬、外在工艺亮点突出的优质工程，有效确保工程"零缺陷"投运，
提高了工程质量标准化管理水平，为创国家电网优质工程金奖、国家优质工程
奖创造了条件。

1. 工程质量

以工程争创国家优质工程奖为契机，统一部署，压实责任。成立工程质量管
理领导小组，组织各参建单位成立了质量管理监督和实施体系，细化明确责任
分工、完成时间及管控目标和要求。严抓严控工程质量标准工艺，坚持样板引
路、示范先行，做实做细各级实测实量工作，加强隐蔽工程、过程质量、成品
质量检查验收，强化质量溯源。

2. 环保、水保和绿色施工

工程建设全过程严格落实环保、水保批复意见及《环境保护管理策划》《水
土保持管理策划》《绿色施工总体策划》要求，监理、施工项目部制订环水保及
绿色施工专业实施细则，在施工过程中，三个项目部全面落实节材与材料资源
利用、节水与水资源利用、节能与能源利用、节地与施工用地保护、环境保护
的要求，积极采用国家低碳节能技术、国家电网公司"五新"技术及建筑业 10
项新技术，开展 10 项科技项目研究。秉承"工程建设与环境和谐共生"的工作
理念，坚持优化节约、综合利用，顺利通过甘肃建设工程建筑协会组织的绿色
施工验收。

3. 工程档案

工程建设全过程坚持做到工程档案资料与工程进度同步形成,工程纸质档案
与数字化档案同步建立、同步移交，做到数据真实、系统、完整。前期文件、
施工记录与竣工图真实、准确；案卷题名准确规范，组卷系统、规范，装订整
齐。做到档案资料与工程建设同步，保证档案齐全、完整、规范、真实。

三、创优工作的开展

1. 强化教育培训

开工以来，各参建单位将收集、汇总的国家电网公司关于工程管理、标准工艺及创优文件，下发至参建各单位，并组织所有参建人员进行宣贯、学习。培训范围覆盖项目管理人员、施工人员及分包队伍。培训注重针对性与多样性，采取理论学习与实际相结合，利用数码照片、3D 动漫或视频文件，使接受培训的人员明晰工程创优的总体要求、工作目标、责任分工、具体措施、考核办法，提高对工程创优工作重要性的认识，提高参建人员的创优意识。教育培训留有培训记录并归档。

2. 过程管理措施

（1）为切实保证工程创优落实到工程建设的全过程，强化过程监督检查，业主项目部每月组织对设计、监理、施工项目创优工作进行监督检查，检查发现的不合格项，按要求限期整改和反馈，做到创优工作持续改进。

（2）监理单位根据日常旁站及巡视检查、月度巡查，对工程创优进行全过程检查，并每周结合施工协调会，组织工程创优分析会，促进工程创优工作按计划有序开展。

（3）施工项目部每月组织一次工程创优自查，掌握现场实际情况，及时发现偏离创优实施细则的问题，督促施工人员或分包队伍进行整改，限期整改并反馈闭环，从而实现了工程创优工作开展受控。

3. 质量管理措施

（1）做好工程开工前的技术准备工作。工程开工前，根据工程里程碑进度计划及时组织进行建设管理纲要交底、设计交底及施工图会审工作，确保管理规范和技术输入的准确。同时，业主项目部对监理单位上报的《监理规划》《监理创优实施细则》和施工单位上报的《项目管理实施规划》《施工创优实施细则》及工程相关的保证措施、特殊工种、施工机具、原材料材质证明及试验报告等文件进行认真的审核，并签署明确意见，确保用于指导施工的各种文件的时效性和正确性。

（2）强化设计环节管控，夯实质量创优基础。在设计管理方面，以设计优化为切入点，按照已制定的创优目标，在初步设计方案上给予充分考虑，并在设备招标书中明确创优内容，在设备技术协议书中进行细化。充分发挥设计人员的水平和经验，充分理解和使用国家规定的有关条款，做到事前控制，体现设计的时代性、前瞻性、先进性。

（3）加强材料管控，把好质量源头。严格执行设备、材料供应商资质报审制度、设备和材料抽检制度及到场验收制度，杜绝不合格物资和材料进场，确保工程施工质量。对原材料做到"批量对应、三证齐全、覆盖全面"，对装置性材料从加工、运输、到货检验，做到环环相扣不放松。

（4）开展标准化管理，做好施工过程的质量管控。工程建设过程中各参建单位严格按照《国家电网公司输变电工程施工工艺示范手册》及国家电网公司工程管理标准化文件的规定，大力开展标准化管理，强化过程监督检查。线路基础施工、组塔施工、架线施工均做到事前指导、事中控制、事后检查，抓好策划、实施、检查、整改四个环节的控制。

（5）做好首基试点工作。工程各工序开工前，业主项目部遵照"样板引路、试点先行"的工作思路，组织监理和施工项目部专题学习《国家电网公司输变电工程施工工艺示范手册》《国家电网公司输变电工程工艺标准库》，观看反映标杆工艺和优良效果的图片，讨论研究质量控制的要点及施工方法，对试点施工进行周密的策划和准备，并在各分部工程施工前组织浇筑样板基础、组立样板铁塔、展放样板导线活动。试点工作结束后及时组织进行分析和总结，对施工中发现的问题和需要完善的项目，及时完善作业方案，补充相应的专项技术措施，提高了施工成品工艺水平。

（6）严格质量通病控制。工程施工项目部根据业主项目部下发的质量通病防治任务书，总结以往工程发生的质量通病并进行分析，找出解决方案，编制质量通病防治措施专篇，经公司总工审批后，上报监理批准实施。施工项目部严格按照质量通病防治措施进行质量通病控制，质量管理人员加强现场检查，发生质量问题下发质量问题处理单，及时纠正，避免质量通病发生。

（7）加强数码照片管理。强化施工过程质量控制数码照片的采集与管理工作，注重照片真实性、主题符合性、格式规范性、时间有效性等要求。

（8）注重成品保护。施工项目部在工程完工后采取有效措施对基础成品、保护帽、铁塔塔材、绝缘子、导线等项目进行保护，防止后续施工损伤或人为破坏。

（9）严格质量验收，确保工程零缺陷验收。按照施工三级质量检查、监理初检、中间检查、质量监督站质量监检、工程预验收和工程竣工验收基建程序，组织和配合工程质量检查和验收工作。各级验收发现的本体施工中存在的问题与不足，予以整改完毕后报请下一流程验收或应用，保证了各阶段、各环节的施工质量，为工程整体零缺陷竣工验收奠定坚实基础。

4. 档案管理措施

在工程开始前，事先对工程档案管理进行策划，明确档案归档原则、标准及立卷方法要求、文字与电子版档案要求，明确档案移交对象、单位，明确专人进行档案管理；在档案形成过程中加强检查、指导，要求工程档案与工程进展同步形成；严格按照国家电网公司有关工程档案归档规定，及时完成竣工资料的收集、整理和移交工作；制订确保档案资料真实性、有效性和完整性的措施。

工程资料、档案管理要严格执行国家有关规定。施工技术文件、资料、施工记录、竣工图纸的形成与积累做到及时、准确、系统、科学，签字齐全。

工程建设依据性文件用原件存档，工程结算资料按规定的期限及时收集归档。工程建设期间，成立由设计、监理、施工、运行等单位参加的工程技术资料、档案管理检查小组，全面负责对工程资料、档案管理的检查工作。

5. 工程投运后的创优措施

业主项目部积极与生产运行部门沟通，协调做好工程投运后的创优工作。与运行单位加强沟通，按时组织回访、自查工作，根据合同做好相关保修工作。落实后期施工及运行过程的成品保护措施。做好生产准备、运行管理及维护检修等相关配合工作。及时办理政府有关部门对环保、消防、档案等专项验收意见（或文件），按时组织达标投产及评优自查、申报等工作。依据工程达标创优工作要求和程序，组织自检、复检及迎检等工作。750千伏河西电网工程获得国家电网公司优质工程金奖。

第十五章

科 技 创 新

第一节 依托工程创新概要

河西走廊 750 千伏第三回线加强工程立足创优目标，依托工程实际情况开展创新策划，积极总结和完成创新成果。开展《变电构架避雷针风振响应及涡激振动防治研究》等科技项目 14 项，申请《变电站构架》等专利 25 项，授权《一种减少避雷针风振响应的耗能套箍及其施工方法》等专利 7 项，发表论文近 16 篇，形成参编标准 6 项、工法 3 项，获得科技进步奖 11 项、QC 成果奖 13 项、其他省部级奖励 9 项、优秀设计奖 1 项。

第二节 科 技 项 目 简 介

一、变电站构架柱顶避雷针及地线柱风振响应及其横风涡激振动防治研究

本项目对变电站构架柱顶避雷针及地线柱风振响应及其横风涡激振动防治措施进行了研究。

本项目基于计算流体力学（CFD）通过对避雷针结构扰流特征和升力系数分析，得出了当风速为 8 米/秒和 10 米/秒时，结构发生涡激振动，确定该风速即为涡激振动的起振风速。同时对避雷针结构管段进行绕流分析，得到结构各管段的体形系数的精细化取值；通过气弹模型风洞试验，得到结构各管段风振系数的精细化取值，通过与现行规范取值的对比，指出规范取值的不足。

在国内首次对变电站避雷针结构抗弯刚性外法兰螺栓连接，在实验室实现对节点高频随机弯矩的近似模拟和加载；并通过试验揭示避雷针抗弯刚性外法兰螺

栓连接节点在疲劳荷载作用下的螺栓拉力及管壁应力发展过程和疲劳破坏过程。

基于钢管抗弯刚性外法兰普通螺栓连接节点试验和有限元参数分析，提出修正现行规范最大受拉螺栓拉力计算的建议公式；还提出一种新型法兰节点形式，克服了传统法兰节点螺栓脆断的风险。

将上述成果应用在实际工程中，通过建立远程监控系统，获得结构的工作状态信息、受力变化和结构变形的时程记录，从而能对结构健康状态及时做出预测与评估，为结构的加固、维修提供决策依据。

二、750 千伏变电站悬吊管型母线应用研究及管型母线挠度超标治理措施研究

本项目研究内容主要包括导体选择研究、金具研究和设计安装方式的研究、安装工艺控制措施研究等。

导体选择研究包括导体形式选择、母线导线力学计算、母线构架设计、管型导线选择等内容形式。

金具研究和设计安装方式的研究包括新型倾斜悬吊管型母线金具的开发设计、大跨度倾斜悬吊管型母线的安装设计方案研究、管型母线机械强度校验、管型母线挠度校验、母线微风振动预防措施研究和管型母线线电晕校验、管型母线无线电干扰等内容。

安装工艺控制措施研究包括到货检验、管型母线线焊接工艺控制、管型母线线吊装方案、施工措施等内容。

结合对 750 千伏配电装置设计研究，进行母线导体比选，通过对电气特性、导线力学计算，比较后提出采用倾斜悬吊式管型母线线的设计方案。对设计的管型母线方案，进行管型母线电晕、无线电干扰校验，管型母线在各种工况下的强度、挠度校验，得出 750 千伏配电装置可以采用管型母线的结论。依托张掖 750 千伏工程，对选择的导体进行工程真型试验，从导体材料、导体电气特性、力学性能进行试验，模拟现场条件进行实际安装，分析比对，检验设计方案合理性。

同时对施工安装工艺、质量控制点进行研究，提出质量控制方法，给出解决问题和消除弛度误差的补偿办法。

本科研项目的目的在于研究 750 千伏配电装置采用倾斜悬吊管型母线在实际工程中的应用可行性。通过理论计算分析得出 750 千伏配电装置可采用 6063－T6－D250/230 型铝镁硅合金管型母线，采用 V 型双串斜拉悬挂方式，通过控制每个安装段管型母线的段长，使得计算挠度不大于 0.5D。采用倾斜悬吊

式管型母线，管型导体最大工作场强小于临界起晕场强，管型母线产生的无线电干扰远小于规程规范要求。

试验内容就是要验证上述理论分析计算在实际情况下与理论计算是否存在偏离，程度有多大，通过试验来纠正计算误差，最终达到满足工程实际需求的倾斜悬吊管型母线设计方案，并通过试验，找出合理的施工方案。

本科技项目理论研究首先从管型母线的选型开始，其次通过管型母线计算及校验确定管型母线的跨度的选择，再次从构架的高度优化的设计，然后从管型母线金具的优化，最后从管型母线的安装来分步研究。

三、复合材料在 750 千伏变电站 330 千伏构架中的应用

本课题以国产复合材料为原型，对复合材料的电气、机械物理力学性能进行全面考核及验证，对新型复合材料杆塔结构形式、力学和电气性能进行研究并试验验证。

复合变电构架一方面能够利用自身拱形结构抵消垂向弧垂，减少安全隐患，另一方面能够增强横梁与支撑件之间的连接强度。复合变电构架主体结构由两个支撑件与一个横梁构成。横梁两端通过法兰与支撑件上端相连，法兰沿轴向设置成中空结构，固定安装在支撑件上。横梁中部远离支撑件处可逐渐向上抬升以形成拱形横梁。横梁由多个子横梁连接而成。中间子横梁分为两个，并且都与地面保持水平，而端部固定连接在支撑件上的两个子横梁与水平面具有微小的夹角。每段子横梁的连接处安装一个挂线板。当横梁悬挂有导线时，即使横梁在自重以及导线的负荷下产生垂向弧垂，由于两端第一段子横梁具有一定角度，横梁拱起的高度也会抵消垂向弧垂，此时横梁上挂线点与横梁两端部齐平，满足挂线标准要求。各个子横梁均为复合支柱绝缘子，导线可以直接悬挂于挂线板上，而取消传统变电构架中的耐张绝缘子串，这种设计能够有效降低变电构架的高度，消除跳线弧垂，进而消除风偏跳电的安全隐患。复合变电构架的结构如图 15-1 所示。

图 15-1　复合变电构架结构示意图

新型复合构架的构架柱与构架梁均采用复合材料，提供机械强度的玻璃钢管由玻纤增强环氧树脂（FRP）制成，内部填充聚氨酯

泡沫作为内绝缘材料，玻璃钢管外侧与高温硫化硅橡胶（HTV）伞裙护套紧密黏合。法兰通过特种法兰环氧胶与玻璃钢管黏接，法兰与挂线板钢材均采用 Q355 低合金高强度结构钢，承力材料机械性能参数见表 15－1。

表 15－1　　　　　　　　　承力材料机械性能参数

材料参数	FRP	法兰环氧胶	Q355
密度（克/厘米）	2.13	0.89	7.58
抗弯强度（兆帕）	120	—	—
抗压强度（兆帕）	250	—	—
抗拉强度（兆帕）	—	9	450～600
屈服强度（兆帕）	—	—	350
弹性模量（吉帕）	—	5	206

FRP 材料阻尼比高，属于韧性材料，具有优异的抗震性能与抗弯强度，在地震发生时动力反应小，无须加装减振装置，材料密度小，重量轻，便于运输安装。内填聚氨酯使其在内压力过大的极端情况下也能保持结构稳定，在超过许用应力极限时仅通过破口或裂缝泄压。HTV 表面具有良好的憎水性，并具有硅橡胶独特的憎水性迁移特性，表面不易积累污秽，具有优异的耐湿闪、污闪性能。构架梁与柱所用复合材料的绝缘特性使得导地线可以直接悬挂于法兰处的挂线盘上，而不再像钢构架那样通过绝缘子悬挂，大幅度减小了构架所需净空，并且能够有效防治风偏闪络问题。实际运用时变电构架各法兰处可设置均压环进一步改善电场分布，复合构架的实际组装成品如图 15－2 所示。

图 15－2　复合变电构架实物图（带均压环）

四、盐碱地区输电塔 UHPC–NC 组合桩基新技术研究

本课题针对西北盐碱地区电力工程所处的实际环境条件所导致的基础冻融及腐蚀破坏问题，结合电力施工的工业化要求，针对 UHPC 保护层–NC 核心组合桩施工方法研究。

（1）针对所设计的 UHPC–NC 组合桩方案，开展盐碱环境下（硫酸盐腐蚀，氯离子侵蚀）的腐蚀实验，并基于此研究结果，定量评估其安全性能和寿命，以确保满足电力工程系统对使用寿命的需求。

（2）在工程现场的实际条件下，开展干湿和冻融交替作用的实验，重点评估基础的冻融损伤和其中 UHPC–NC 界面的性能，通过优化保护层厚度，确保保护层和核心部分的协同工作不受现场环境的影响。

（3）综合考虑工程现场盐碱环境和冻融交替作用等多重腐蚀耦合环境下，结合计算机模型提出对 UHPC–NC 组合桩的性能和耐久性评估，确保其在电力工程中应用的安全性和可靠性。

基于试验结果和理论分析，确定新型组合桩基技术在电力工程中的应用性技术方案及设计的理论指导方法，通过优化成本控制，使其发挥最好的效果，满足工业化需求。

第三节　创新成果、工艺工法

一、警卫室

本工程站内所有建筑均采用全预制装配式结构，主体结构采用 H 型钢柱钢框架方案，墙体采用 LSP 板内嵌轻钢龙骨装配式墙体，大大减少了现场的混凝土作业，缩短了建设周期，具有高效率、高质量、节能环保等优点，可实现工厂化生产、标准化施工。

LSP 板内嵌轻钢龙骨装配式墙体属首次在变电站中应用，通过施工应用可积累经验；LSP 板自带保温层，当构件形成规模化生产后，具有较高的经济性。外墙饰面采用硅酸钙板，颜色选择和建筑物风格相和谐，屋檐出挑、立面切割、连续贯通，具有优异的抗裂性、抗褪色性，并能承受恶劣天气环境。

针对鲁班奖的要求，本工程开展建筑物装饰装修专项设计和施工工艺提升深化，建筑物外立面采用以汉唐寓意为理念的仿古方案，体现了端庄大气的风格。

二、主变压器防火墙施工工艺

主变压器防火墙为框架填充墙结构,防火墙采用清水砖砌筑工艺和定型成品钢模。框架地面至顶一次浇筑成型,无施工缝,美观大方。

填充墙原材选用节能环保型的蒸压灰砂砖,砌筑完成的防火墙具有环保、美观、节约成本、适应性强等特点。

三、管型母线焊接支撑平台装置（万向轮 QC 工艺）

本工程母线设计采用悬吊式管型母线设计方式,全部使用铝镁合金材质的管型母线,全站共计安装管型母线 4360 米。相比以往的架空软母线的优势在于结构简单,占地少、布置清晰电流容量大防震能力强等。依托本工程开展申报了 4 项科技项目、3 项 QC 成果。以管型母线焊接支撑平台装置为例,全国变电站建设在管型母线制作上都没有什么好的装置平台,依然采用的传统单一的滚轮装置平台,为此根据现场实际情况制作了小装置。本站最长的一段管型母线焊接后长度达到 41 米,重量为 2 吨左右。使用本装置之后,从工艺、质量、人员、机械、成本等方面大大减少了成本投入,提高了施工效率与质量工艺。

四、750 千伏构架整体吊装

本工程 750 千伏配电装置区构架柱、横梁共计 2167 吨、99 吊,构架柱最大起重量达 121 吨,高度 61 米,为目前西北五省最重的 750 千伏钢构架。对于最大起重量的格构式钢构采用四台 600 吨、300 吨、80 吨、70 吨起重机同时抬吊。在吊装方案编制时,针对河西地区风沙大的特点,经过专家讨论论证,优化施工方案,吊装前及过程中随时通过手持测风仪实时监测风速,确保吊装安全顺利完成。在短短 15 天内,安全圆满完成了 750 千伏构架吊装工作。

五、电缆沟阴螺母安装工艺

对全站电缆沟进行电脑 CAD 排版,确保电缆沟长度满足盖板模数。采用在电缆沟主体施工时预埋阴螺母,改变了常规电缆支架焊接或膨胀螺栓固定做法,有效减少电缆支架安装时对沟壁的破坏以及二次打孔的施工工序;电气安装阶段直接用螺丝将电缆支架紧固安装的做法,具有降低施工成本、工艺先进、成型效果良好的特点。沟壁内外侧模板间采用止水对拉螺栓,在止水螺杆上的模板处增加橡胶止水环,并在沟壁两侧同时分层浇筑。

六、电缆敷设及防火封堵工艺

本工程全站电缆敷设 240 千米、厂家电缆敷设 72.176 千米、光缆 71 千米、网线及尾缆敷设 15 千米。全站安装复合电缆支架 9920 副，光缆槽盒 7850 米。

电缆支架采用高强度复合支架，四通与三通处采用专用桥架，防止电缆跌落及交叉敷设。支架上的排列顺序为：从下到上由高压到低压，从强电到弱电，动缆与控缆分层敷设，层间采用 10 毫米厚度防火板分隔。全站防火封堵采用 8～15 倍的高膨胀倍率的 3M 防火封堵材料。遇火具有膨胀性、密烟性，防火时效长达 2～3 小时，产品遇火释放结晶，降低表面温度，背火面温度 ±180 摄氏度，不含卤素，环保且对人体无害，这可以避免相邻易燃物质自燃，同时耐高压水枪冲击，更具稳定性。

七、挡土墙软瓷浮雕工艺

为了减少土石方量，节约投资，750 千伏配电区与主变压器及 66 千伏配电区、330 千伏配电区为两级台阶式布置，两台阶之间高差为 3 米。

因挡土墙为块石重力式挡土墙，满足不了外观工艺美观要求，加上当地气候特点，块石勾缝极易产生温度裂缝，观感质量难以满足鲁班奖工艺精湛的要求。为了增加观感和亮点，在挡土墙上点缀十幅硅石浮雕，采用造价低、节能环保的天然无机土壤衍生的新型环保材料制作软瓷贴面。硅石浮雕以甘肃人文历史有序排列，从敦煌到陇东依次通过特色的重要历史人文来展现甘肃深厚的历史文化和精神内涵。

八、小发明工艺

1. 人工倒角抹子套装

为消除黏贴塑料倒角条造成倒角线条因气泡不易排出、极易形成麻面的现象，所有 HGIS 基础、主变压器基础、高压并联电抗器基础、圆形电抗器基础等外露基础的水平角均采用人工倒角工艺。

人工倒角工艺对施工人员的技术水平和器械的要求很高，目前共研究出 3 种倒角抹子，分别为对应人工倒角线条直线段倒角的直线抹子、对应直角倒角的直角抹子和对应圆弧的圆弧抹子。

直角抹子是将圆弧抹子进行改良，将圆弧抹子自身形状改成倒三角状，以便更好地完成施工两段直线倒角交汇处倒角，形成饱满的直角倒角，达到上乘的观感，得到中电建协等专家的好评。

2. 清水砌体勾缝工具

在勾缝钢筋的端部和后部相距 4.5 厘米各焊接一块方形铁片，增加工具移动时的稳定度，满足清水墙的勾缝要求。

3. 控制混凝土预埋件外露高度的工具

本工程 HGIS 基础外露支墩数量共 501 基，预埋件数量达到 996 块，预埋件较大，且外露混凝土高度为 5 毫米，同一支墩上的预埋件平整度及相邻高差需控制在 2 毫米以内。

该卡具采用两段 5 厘米长的 45°角钢背靠背焊接而成，焊接时一段角钢的底部比另一段角钢高出 5 毫米。同时用抹子对混凝土面层进行收光，确保埋件外露高度 5 毫米。

使用该预埋件外露高度控制卡具，所有埋件的外露高度精准，误差控制严格，最终高质量交付电气安装。

第十六章

凝心聚力的 750 精神

第一节　750　精　神

河西走廊 750 千伏第三回线加强工程经过全体建设者的共同努力,工程西段提前 3 个月完工,东段提前 2 个月完工,新建 750 千伏线路 840 千米、新建 750 千伏变电站 1 座、扩建 750 千伏变电站 6 座,创造了甘肃电网乃至国内工程建设奇迹。

通过 2019 年河西走廊 750 千伏第三回线加强工程建设管理,首次成功实施国家电网公司投资、国网甘肃省电力公司建管,实现管理链条扁平化,充分发挥省公司建设、运维、试验、物资等各部门各单位专业协同配合,沿线各属地公司积极发挥属地化协调优势,使工程建设快速推进。该工程西段、东段均高质量按期投运,为争创鲁班奖奋力拼搏、自我加压,充分体现了各参建单位敢于负责、敢于担当的精神。工程的许多创新工艺和亮点特色,充分体现了各参建单位精益求精的工作作风,发扬了工匠精神。各参建单位在荒无人烟的地方,风餐露宿、无怨无悔,充分体现了吃苦耐劳、攻坚克难的精神劲头,特别是业主项目部在施工现场常驻、坚守,体现了同甘共苦、勠力齐心的精神境界,通过共产党员服务队、青年突击队等,切实把党建工作与工程建设紧密结合、落到实处。该工程任务量较大,线路工程基本贯穿甘肃省,甘肃建设部、甘肃建设分公司工作劲头足、精心组织谋划,属地公司做了大量的前期配合工作,甘肃检修公司在前期介入、驻场监造、调试、隐蔽工程等方面也做了许多创新工作。工程建设速度快、质量高,充分体现了各参建单位分工不分家、精心协作、担当作为、共谋发展的工作作风。

750 精神是甘肃电网建设史的宝贵精神财富。具体内涵:敢于负责、敢于担当的拼搏精神;精益求精、追求优质的工匠精神;吃苦耐劳、攻坚克难的奉献精神；团结一心、共谋发展的协作精神。

第二节　建　设　团　队　风　采

一、勇于奋斗，勤于创造，甘于奉献——记甘肃省"五一"劳动奖章获得者梁岩涛同志

"作为新时代的青年员工，我们深感肩上的职责重大，使命光荣，我们必须发扬艰苦奋斗、无私奉献的精神，勇于创新，在电网建设事业中不断创造新的业绩，让光荣与未来同行，让光荣为岁月增辉。"梁岩涛同志时常对身边同事这样讲道。他凭着对电力建设工作的一腔热情，勇于开拓，锐意进取，强化工程管理，以显著的工作业绩为电力建设做出了突出贡献。

扎实历练，工程建设成绩突出。2007 年大学毕业后，梁岩涛同志进入兰州超高压输变电公司工作，先后完成多项 750 千伏、330 千伏输变电工程建设管理工作。2012 年，调至甘肃省建设公司工作，先后担任新疆与西北主网联网 750 千伏第二通道工程、750 千伏永白输变电工程、330 千伏银东、330kV 黄泥湾变电站工程等十余项目管理专责、项目经理。2013 年 4 月，国网甘肃省电力公司开展优秀青年干部挂职实践锻炼，梁岩涛同志借调到国网甘肃省电力公司基建部实践锻炼。2015 年，梁岩涛同志担任酒湖工程甘 1 标段管段经理，并全权负责管理酒泉换流站"四通一平"工程、换流站接地极工程和接地极线路工程。酒湖工程甘肃段设计、施工阶段多次遇到技术难题。梁岩涛同志及时组织人员成立攻关团队，经过讨论研究和反复试验，最终采用最优的解决方案，顺利解决了河西地区基础施工水位高、邻近特高压线路基础爆破施工、1250 平方毫米大截面导线接续管加固、西北盐渍土地区基础防腐等工程技术难题，降低了工程投资，保证了工程进度。在业务领域不断钻研总结，完成《地聚合物的高性能压灌桩在工程中应用研究》等重点课题 10 余项。2019 年初，他担任省重点建设项目河西走廊 750 千伏第三回线加强工程业主执行经理一职，在工程建设期间奔波逾 10 万千米，放弃公休和节假日，与同事一起团结协作、攻坚克难，工程用时不到一年时间建成投运，创造了甘肃电网建设新速度，为实现甘肃清洁能源外送做出了积极贡献。参建多项工程荣获电力行业、国家电网公司优质工程奖项。张掖 750 千伏变电站项目获得 2020～2021 年度中国建设工程鲁班奖，实现了甘肃电网工程鲁班奖零的突破。

　　甘于奉献，彰显陇电铁军精神。工作中的尽职尽责难免造成对家人的亏欠，自参加工作后他大部分时间扎根一线，缺失了对家人的照顾和陪伴，面对父母和妻儿他充满愧疚，但他常说，选择了这个职业他不后悔。他常说，我们青年人必须胸怀远大志向，扎根一线，发挥模范带头作用。对于业务工作，也许我们存在多方面的不足，但对于工作的态度，必须始终如一坚持"诚实劳动、无私奉献、恪尽职守、兢兢业业"这一基本的原则。不论在什么时候，什么岗位，这种精神、这种境界都不可缺少。他始终坚持奉行老老实实做人、认认真真做事的原则，踏实工作，埋头苦干。也正是他这种甘于奉献、乐于拼搏的精神，铸就了他扎实的工作品质，在电力工程建设工作中彰显陇电铁军精神。2017 年，梁岩涛同志获得了甘肃省总工会授予的"甘肃省五一劳动奖章"称号。2022 年获得国家电网有限公司 2021 年度重大电网工程建设先进个人。他始终戒骄戒躁，不断强化提升自身综合能力，把公司发展作为实现人生价值的追求，把工作岗位作为报效社会和服务人民的舞台，把爱国家、爱企业、爱工作的热情倾注到做好本职工作的实际行动中，爱岗敬业、拼搏奉献，在工作和生活的方方面面都争当先锋模范。

　　坚定信念，全面提升个人党性修养。他始终以一名合格党员的标准严格要求自己，坚持把学习习近平新时代中国特色社会主义思想和系列重要讲话作为提升个人理论素养的首要任务，不断提升用政治理论解决实际问题的能力和水平。牢固树立大局意识，将各项工作安排部署与公司发展紧密联系。团结全体员工，工作中讲原则，积极发挥主观能动性，大胆尝试创新管理，带头转变作风，身体力行，解决问题雷厉风行、见底见效，面对难题敢抓敢管、敢于担责、严抓落实；坚持带头模范、发挥示范作用，时时刻刻从大处着眼，小处着手，见微知著，防微杜渐，能够做到大事不糊涂、小事不马虎，不越雷池一步。在任何时候、任何情况下，都自觉以党性原则和道德规范衡量、约束自己，严格进行自我监督；带头贯彻执行上级党委各项决定，大事讲原则、小事讲风格。坚持廉洁自律，坚持严管与厚爱相结合，严格约束个人行为，严格管理身边工作人员，真正做到"干净做人、干事干净"。

二、超高压工程建设者背后的非凡人生——记一名出色的管理者尚建国同志

　　位于甘肃河西的千里走廊，不仅是中国古代丝绸之路的重要通道，更是"一带一路"建设的主战场。2018 年 9 月 6 日，河西走廊 750 千伏第三回线加强工

程正式开工建设，历经 460 天顺利投运，创造了 750 工程建设纪录。这是国家电网公司与甘肃省政府签署的《加快幸福美好新甘肃建设战略合作框架协议》的重要项目，体现央企担当的一项重大工程。建设者们以"务期必成，力夺鲁班"的信念，在张掖这片热土上尽情书写靓丽青春，其中，驻守一线的管理者、工程业主项目副经理尚建国最为突出。

勇于担当，奋斗一线。在基建行业摸爬滚打了十几年的他，刚接到工程建设任务的时候，因工程规模大、任务重、时间紧，还要争创鲁班奖，就知道这又是个"硬骨头"，但他没有畏惧，更没有退缩，毅然带领团队迎难而上、奋勇争先。驻守现场 400 余天。从工程"四通一平"开始，他就一直忙碌在施工现场，利用短短的 20 天时间，组织施工项目部完成了 96 万方土方量的挖方、填方工作，这在甘肃的基建史创造了奇迹。他每天拖着疲惫的身体走到宿舍，浑身上下已经覆盖了一层厚厚的黄土。

牵头党建，为工程保驾护航。在工程现场他担任临时党支部纪检委员，在变电站主持临时党支部所有工作，落实"党建＋基建"工作要求，在工程建设中，不仅自己带头争先，还带领临时党支部开展"不忘初心、牢记使命"主题教育活动，实现党建引领，为基建保驾护航，2018 年的冬天，张掖变电站正处于基础混凝土浇筑高峰阶段。那一年的冬天，格外寒冷，施工现场气温低至零下 29.8 摄氏度，为了保障冬季施工质量，各参建人员在尚建国的带领下不畏严寒，依然坚守在工地，半夜 2 时还忙碌在施工现场，带领大家对每一个暖棚下混凝土入模温度进行测试。天气寒冷，就连手中的温度计都拿不稳，真的是刺骨的疼。尚建国突然脚下一滑，才发现鞋子上已经结了一层厚厚的冰，这一干就是整整40 天时间。

为"大家"，舍"小家"。张掖 750 千伏变电站就像他的孩子，从一片戈壁砂砾到雄伟矗立，他带领着一群青年员工奋斗一线，攻坚克难。他长期驻守在现场，保全工程这个大家，自己的小家却无暇照顾，有一次现场在组织开展鲁班奖阶段性评定的时候，他接到妻子因急性肠炎生病住院的电话，他心急如焚，为了工作仍坚守在现场，在这期间孩子也发高烧同时住院。等忙完工作，时间已匆匆过去一周。常年在外，缺少对家人的关怀是他心中最大的愧疚。看着张掖 750 千伏变电站即将投运，他又流露出笑容，心里暖洋洋的。

身体力行，率先垂范。要想干出一番事业，总要付出过人的心血和汗水，在工期最紧张的时候，他坐骨神经旧疾复发，疼痛难忍，他为了工程能按照计划节点顺利完成，强忍病痛，只能坐在凳子上指挥现场的施工，经常是从抽屉里拿出一板止疼药，暂时缓解一下疼痛。就是这样的一种精神，感染了项目部所有的人员，在他的影响下一些年轻员工精神面貌焕然一新，工作的主动性、创造性和专注力不断增强，很多年轻员工都以他为先进榜样。

专注基建，硕果累累。近几年来，工作中他不断推动 750 千伏桥湾输变电工程、太六平输变电工程获得国家优质工程等荣誉，创优意识强，基建业绩硕果累累。在张掖 750 千伏变电站创鲁班奖过程中，河南中电咨询有限公司对工程开展地基结构现场评价检查，得分 93.06 分，施工质量处于受控状态，通过地基结构专项评价。

工程投运为新能源外送瓶颈提供重要的支撑保障，对助推甘肃脱贫攻坚和民生经济发展，建设幸福美好新甘肃具有重要而深远的意义。看到这些成绩，他心里很欣慰，回头又奔向下一个工程，为甘肃电网建设事业不断添砖加瓦，贡献自己的力量。

三、甘于奉献建功电网建设——记国家电网公司劳动模范王泉同志

1994 年，王泉同志毕业分配至甘肃省电力公司兰州供电公司送电处。进场培训后他主动要求到带电作业班组工作，勇于挑战带电作业，勤于钻研实践，短短半年就成长为班内作业骨干。他先后在西固电厂出线改造、盐锅峡水电厂出线改造等大型技改工程工作中脱颖而出。在西固电厂出线横跨 6 回带电线完成更换导地线工作，总结完善了绝缘索道施工方法。盐锅峡电厂是临夏、甘南地区重要电源支撑点，该地区属于国家贫困地区，电网薄弱，盐锅峡电厂出线改造在大坝升压站设备区带电情况下顺利完成，有力保证了临夏、甘南地区可靠供电。由于表现突出，王泉同志受到局长专项奖励。丰富的生产实际经验为他日后转型工程建设管理奠定了坚实的基础。

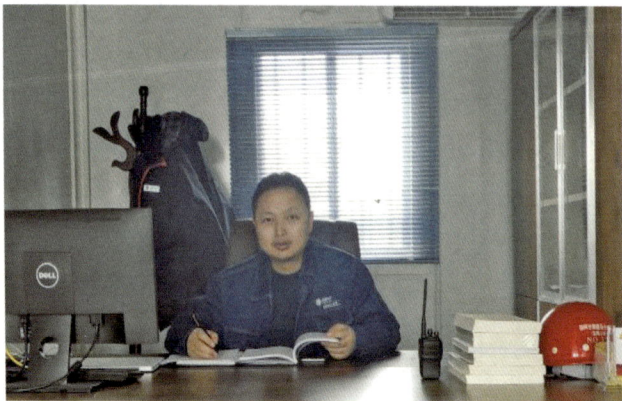

随着电力企业改革步伐加快,王泉同志曾在多个工作岗位上锻炼,干过施工,当过施工班长,搞过生产管理,做过生产组组长,2007 年竞聘到兰州超高压输变电公司基建部后,从事建设管理工作。因经历丰富,他被周围的同事戏称为"全才"。在从事建设管理后,他主管过甘肃省内最长的多合 330 千伏线路工程、国网甘肃省电力公司首条 750 千伏永白输电线路工程、国网甘肃省电力公司首条建设管理的哈郑工程建设。因成绩突出,表现优异,他曾获得国网甘肃省电力公司基建先进个人、国家电网特高压工程建设先进个人、科技进步成果奖、国家电网项目管理流动红旗等荣誉称号及奖励。

2016 年,经过国网甘肃省电力公司慎重考虑,选拔任命王泉同志担任吉泉工程甘肃段业主项目部项目管理组副组长、安全专责、业主项目分部经理,全面负责工程安全、质量、技术管理工作。自此他全身心投入到建设管理中去,在建设高峰期,曾连续 70 余日三过家门而不入,奔波在工程沿线。作为业主项目部项目管理副组长、安全专责、分部项目经理,王泉同志深知责任重大,在压力和挑战面前,他从未退缩。全心工作的背后是妻子理解和支持,2018 年工程顺利通过国家电网竣工验收,儿子也考上理想的大学,正所谓双喜临门。

作为省公司优秀专家,王泉同志在工程建设中注重发挥专家团队的支撑作用,先后邀请组织国家电网系统内专家对吉泉工程深基础、岩石爆破基础、高塔组立、大截面导线架线施工、跨越电气化铁路、高速公路、高压电力线路等专项方案进行评审,从技术上严把方案措施关,为保证工程建设安全质量提供了保障。工程建设中落实公司关于全面推行机械化施工要求,吉泉工程河西全面应用旋挖钻机、挖掘机、吊车组塔施工,平凉段全面应用机械洛阳铲。全线基础全机械化施工率达到 78%,其中组塔全机械施工率达到96.8%,降低风险的同时提高作业效率,为全面提高工程机械化施工积累了经验。

王泉同志带领吉泉业主项目部的 4 名研究生,参与"盐渍土基础防腐技术"和"新型组合跨越架"的应用研究等科研项目,践行传、帮、带,工作中率先垂范和身体力行感染他们,在紧张的工作环境中,注意心情愉悦,鼓励年轻人大胆管理,依托科研项目获得 7 项实用新型专利。这些都发挥了年轻人的特长,增强了他们的信心,使得他们在建设管理中迅速成长。

千里银龙飞跃只为点亮万家灯火,九百日风雨无阻书写壮丽赞歌。吉泉工程

（甘肃段）已顺利通过低端、高端调试，投运并发挥效益已指日可待。

后来王泉同志又投身到750千河西走廊第三回加强工程建设中，担任业主项目部副经理，曾经带过的年轻同事已纷纷成为变电、线路管理的骨干。这个工程是国家电网公司与甘肃省政府签署战略合作协议的重点工程，是企业践行社会责任的具体举措。工程列入国家电网公司年度重点工程、甘肃省政府重点工程，能彻底解决甘肃新能源消纳瓶颈问题，同时具备很好的经济效益，工程建设意义重大，需要按既定计划早日投产发挥效益。雄关漫漫真如铁、而今迈步从头越。王泉同志有信心带领导团队团结一致、攻坚克难，交上一份满意答卷。

四、三十年如一日坚守一线，倾全力奉献电网建设

魏建民，中共党员，高级工程师，国网甘肃省电力公司级高级专家。自1989年参加工作以来，魏建民先后从事施工项目管理及业主建设管理工作三十余载。他曾参加过甘肃电网在华南电网的输变电项目施工，参加过甘肃电力在南亚孟加拉国230千伏的大跨越工程的项目施工，也参加过全国第一条750千伏示范工程的施工管理，参加过第一条途经甘肃境内的±800千伏天中特高压直流输电工程及首条起点在甘肃境内的±800千伏祁韶特高压直流输电工程的建设管理，历任施工项目总工、项目经理及业主项目经理等职务。

在750千伏三通道工程建设中，魏建民同志担任西段业主管段项目经理，同时兼任甘1监理标段总监理工程师及常乐750千伏业主项目经理，所辖工程段穿越酒泉市瓜州县、玉门市及肃州区，管理跨度长达300多千米。

在工程建设期间,魏建民同志能够长期坚守一线,牺牲了无数个周末及春节、中秋等全部的法定假日,放弃与家人节日团聚的机会,每月驻守现场时间平均超过 20 天,带车奔赴现场行程七千多千米。他充分发挥党员的带头引领作用,利用从事电网基建工作 30 年来的丰富管理经验和专业知识,与各参建单位一起,克服了酒泉地区大风肆虐、气候恶劣、跨越繁杂等困难,积极协调和组织了高铁、高速以及 110 千伏以上电力线等多达 50 余处重要跨越的施工风险管控。

三通道甘 2 施工标段跨越兰新高铁一次,跨越地点高铁桥面距地面高达 22 米,地形极差。因为受高铁管理公司计划的一再调整,使得施工计划也一再推迟。铁路方最终给定的"天窗"作业时间为 10 月 21~28 日每日凌晨 0~4 时。在跨越正式实施期间,瓜州县布隆吉一带突遇大风寒潮,现场气温骤降至近 -10 摄氏度,魏建民同志每天半夜亲自赴现场坚守岗位,对施工项目部进行安全监督和技术指导,带领大家仅用 4 个"天窗"时间,就完成了原计划 8 个"天窗"时间的工作任务,创造了同类工程跨越高铁的最快施工纪录,并为后续施工节约了宝贵的时间。

在国网甘肃省电力公司的领导下,通过业主项目部的精心组织和不懈努力,甘 1 施工标段比原计划提前 3 个月顺利投运,也创造了 750 千伏工程建设的最快速度,积极引领了三通道工程分阶段投运工作。同时,甘 2 施工标段和常乐工程也如期于 2019 年 11 月份完工并具备带电投运条件,以上工程均实现了安全零事故和创优零缺陷移交的工程目标。

三通道工程建设管理团队正是因为拥有一批像魏建民同志一样不忘初心、爱岗敬业、乐于坚守的骨干成员,才能取得今天辉煌的战绩。

五、坚守岗位、创新钻研不言弃

"生活从不眷顾因循守旧、满足现状者,从不等待不思进取、坐享其成者,而是将更多机遇留给善于和勇于创新的人们。"这正是张富平同志最真实的写照。他扎根工程建设一线,10 年如一日,恪尽职守,任劳任怨,始终以一个共产党员的标准和电力人的职业道德严格要求自己,一丝不苟、精益求精,参加建设吉泉工程、河西 750 千伏加强工程、中川 330 千伏输变电工程、兰州东 750 千伏 2 号主变扩建工程、兰临 750 千伏输变电工程等 6 项工程的建设管理任务。

　　每一项的工程建设都充满了艰辛万苦,每一项工程的建成投运都饱含了青年同志心之所向、汗洒疆场的无私奉献。在面对承担全世界电压等级最高、输送容量最大、输送距离最远、技术水平最先进的特高压输电工程——吉泉工程管段经理时,张富平同志亲力亲为在压力和挑战面前,躬行践履,一年多的时间里奔波于工地行程逾 10 万千米,实时掌握施工现场状况,全身心投入到工程管理中。以强烈的责任心和高度的使命感,奉献吉泉"四最"工程建设。

　　明者因时而变,知者随事而制。在各项工程建设工程中,"创新钻研"成为他的代名词,组织评审岩石基础爆破、深基坑开挖、中强腐蚀基础防腐、大体积基础山地自拌混凝土、临近特高压线路施工等特殊方案 68 个,有力保障了施工安全;推行机械化施工,采用旋挖机、机械洛阳铲及大吨位吊车等机械化施工,采用组合轻型跨越架进行架线,有效降低施工风险;对钢筋直螺纹机械连接、基础防腐、1250 平方毫米大截面导线压接的质量关键控制点进行管控,确保质量再提升;组织技术攻关和管理创新解决施工难题提升管理水平,先后解决邻近酒湖线、天中线基础爆破施工、西北盐渍土地区基础防腐等工程技术难题,扫清工程建设障碍。

　　业精于勤,荒于嬉;行成于思,毁于随。在技能技艺方面,依托工程建设开展 10 余项科研项目实施,获得发明专利 3 项,实用新型专利 13 项,参与出版专著 4 部,在国家级刊物上发表文章 6 篇;在科技创新方面,获得中国电力建设企业协会科技进步奖一等奖 1 项、二等奖 1 项、三等奖 3 项,优秀质量管理QC 二等奖 2 项、三等奖 2 项,甘肃省质量协会、总工会 QC 成果一等奖 2 项、二等奖 2 项,甘肃省企业联合现代化创新成果一等奖 1 项,在第二十五届全国发明展览会上荣获"发明创业奖"铜奖,2 项成果获得 2020 年职工技术创新优秀成果二等奖和三等奖；在个人成果方面，获得国网甘肃省电力公司河西走廊 750 千伏第三回线加强工程、吉泉工程先进个人，入选国网甘肃省电力公司青年人才托举工程。

抓创新就是抓发展，谋创新就是谋未来。在电网建设中，张富平始终带着满腔的热情，以脚踏实地的精神和敢于实践的勇气，创新钻研基建管理新模式，面对新的形势和挑战，他将拿出一张蓝图绘到底的精神，专注于业务知识提升，以久久为功的耐力与迎难而上的劲头，根植于工程项目建设，一步一个脚印地朝着既定目标前进。